Huseynova Gunel

Badanie dotyczące transportu ładunków

Huseynova Gunel

Badanie dotyczące transportu ładunków

Tranzystory cienkowarstwowe z polimeru dopowanego

Wydawnictwo Bezkresy Wiedzy

Imprint
Any brand names and product names mentioned in this book are subject to trademark, brand or patent protection and are trademarks or registered trademarks of their respective holders. The use of brand names, product names, common names, trade names, product descriptions etc. even without a particular marking in this work is in no way to be construed to mean that such names may be regarded as unrestricted in respect of trademark and brand protection legislation and could thus be used by anyone.

Cover image: www.ingimage.com

This book is a translation from the original published under ISBN 978-620-0-46022-6.

Publisher:
Wydawnictwo Bezkresy Wiedzy
is a trademark of
Dodo Books Indian Ocean Ltd., member of the OmniScriptum S.R.L Publishing group
str. A.Russo 15, of. 61, Chisinau-2068, Republic of Moldova Europe
Printed at: see last page
ISBN: 978-620-0-81623-8

BADANIE TRANSPORTU WSADU DOMIESZKOWANYCH TRANZYSTORÓW CIENKOWARSTWOWYCH POLIMEROWYCH

GUNEL HUSEYNOVA

Spis treści

ABSTRACT ...iii
WPROWADZENIE ... 1
Referencje... 3
ROZDZIAŁ 1 ... 4
ORGANICZNE PÓŁPRZEWODNIKI ... 4
REFERENCJE ... 19
ROZDZIAŁ 2 ... 20
ORGANICZNE TRANZYSTORY EFEKTÓW POLOWYCH (OFETY)... 20
REFERENCJE ... 29
ROZDZIAŁ 3 ... 30
WSPÓLNE METODY DOMIESZKOWANIA I DOPINGU DLA ORGANICZNYCH PÓŁPRZEWODNIKÓW ... 30
REFERENCJE ... 43
ROZDZIAŁ 4 ... 48
DOPING NAJNOWOCZEŚNIEJSZYCH SPRZĘŻONYCH POLIMERÓW .. 48
REFERENCJE ... 98
ROZDZIAŁ 5 ... 103
DOPINGOWANIE TRANZYSTORÓW POLIMEROWYCH CIENKOWARSTWOWYCH BENZOESANEM LITU ... 103
REFERENCJE ... 130
ROZDZIAŁ 6 ... 132
PODSUMOWANIE I PROGNOZA ... 132
WYKAZ PUBLIKACJI ... 134
PODZIĘKOWANIA ... 135

Do mojej rodziny

Ziemia byłaby nieznośnym miejscem do życia.

gdyby nie było na nim dobrych ludzi...

ABSTRACT

Organiczne półprzewodniki i urządzenia elektroniczne oparte na tych materiałach nadal cieszą się dużym zainteresowaniem ze względu na ich doskonałe i unikalne właściwości optoelektroniczne, a także korzystne możliwości realizacji elastycznych, lekkich, tanich i przezroczystych urządzeń optoelektronicznych wytwarzanych na bardzo cienkich i możliwych do rozwiązania warstwach aktywnych. Jednak ich słabe parametry elektroniczne i niestabilna praca w warunkach otoczenia ograniczają ich zastosowanie w elektronice użytkowej. Teza ta obejmuje prace dopingowe wykonywane w celu poprawy parametrów elektrycznych organicznych tranzystorów cienkowarstwowych poprzez doping i zrozumienie podstawowych zasad i mechanizmów leżących u podstaw dopingu molekularnego półprzewodników polimerowych. W rozdziałach 1 i 2 przedstawiono wspólne wprowadzenie i tło dla półprzewodników organicznych i organicznych tranzystorów polowych, jak również krótkie porównanie półprzewodników organicznych i nieorganicznych. Przedstawiono również opis zagadnień dotyczących transportu nośnika ładunku i innych właściwości optoelektronicznych półprzewodników organicznych. Środki i metody domieszkowe powszechnie stosowane dla półprzewodników organicznych wraz z ich podstawowymi mechanizmami zostały przedstawione w rozdziale 3. A rozdziały 4 i 5 koncentrują się na pracach dopingowych związanych z tą tezą i wykonywanych na różnych sprzężonych polimerach z różnymi środkami dopingującymi. W rozdziałach tych omówiono również charakterystykę i metody analizy danych dotyczących wyników badań. Wreszcie, w rozdziale 6 przedstawiono przegląd badań nad tą tezą oraz podsumowanie i perspektywy.

WPROWADZENIE

Organiczne półprzewodniki (OSC) ze względu na swoje unikalne właściwości mechaniczne i optoelektroniczne w połączeniu z korzyściami strukturalnymi i chemicznymi, które pojawiają się w sposób naturalny, nadal znajdują się w centrum uwagi. Coraz więcej badań naukowych koncentruje się na rozwoju organicznych materiałów półprzewodnikowych, ponieważ przetarły one szlak dla rozwoju szeregu urządzeń organicznych, takich jak organiczna fotowoltaika (OPV), organiczne tranzystory polowe (OFET) i organiczne diody elektroluminescencyjne (OLED), itp. Ich główne zalety w porównaniu z półprzewodnikami nieorganicznymi obejmują unikalne właściwości fizyczne i mechaniczne, które z kolei otwierają duże możliwości realizacji elastycznych, lekkich, przezroczystych, ultracienkich, nadających się do drukowania, a nawet papierowych urządzeń. Materiały organiczne są również bardzo łatwo przetwarzane. Oferują one metody wytwarzania, począwszy od konwencjonalnego odparowywania termicznego, a skończywszy na przetwarzaniu roztworu, które umożliwia proste etapy wytwarzania, takie jak spin-coating, drop-casting, druk atramentowy itp. w temperaturach tak niskich jak temperatura pokojowa. Również materiałów organicznych jest dużo, a setki z nich są syntezowane każdego roku. Oferują one szeroki wachlarz możliwości dla syntezatorów. W szczególności, stały postęp w wydajności jest możliwy poprzez optymalizację struktur molekularnych przy użyciu chemii organicznej w celu osiągnięcia pożądanych wymagań i funkcjonalności. Liczne OSC zostały opracowane w celu rozszerzenia możliwości badania nowych zastosowań. Jednak główną zaletą materiałów i urządzeń organicznych jest to, że same i procesy, przez które przechodzą, nie są tak drogie i skomplikowane jak ich nieorganiczne odpowiedniki. Jednak OBWE borykają się z bardzo poważnymi problemami związanymi z ich ograniczonymi właściwościami elektronicznymi i niestabilną pracą w otoczeniu. Mimo że półprzewodniki organiczne oferują szeroki zakres zastosowań, te dwa zagadnienia sprawiają, że pozostają one w tyle za półprzewodnikami nieorganicznymi.

W celu rozwiązania wyżej wymienionych problemów, materiałoznawcy i inżynierowie opracowali na kilka sposobów przez ostatnie kilkadziesiąt lat od czasu pojawienia się elektroniki organicznej. Niektóre z tych sposobów okazały się być naprawdę prostymi metodami poprawy właściwości elektrycznych i stabilności organicznych materiałów półprzewodnikowych. Metody te obejmują przede wszystkim doping, a następnie inżynierię dielektryczną, inżynierię kontaktową, inżynierię procesową i tak dalej. Już od ponad 40 lat domieszkowanie zostało udowodnione i jest stosowane jako najlepsza metoda poprawy nieorganicznej elektroniki, w tym technologii krzemowej. Doping OSC poprzez wprowadzenie małej ilości zanieczyszczeń do folii funkcjonalnych również stał się prostym i skutecznym sposobem na rozwiązanie ograniczeń półprzewodników organicznych bez poświęcania ich unikalnych zalet. Niedawny postęp w dziedzinie elektroniki organicznej potwierdza, że doping molekularny OSC z powodzeniem przyczynia się do komercjalizacji urządzeń takich jak OLED poprzez promowanie efektywnego wtrysku ładunku [1-3]. Stężenie nośnika ładunku, polaryzacja ładunku, mobilność, stabilność i inne związane z tym właściwości elektryczne mogą być znacznie poprawione i wzmocnione o kilka rzędów wielkości poprzez doping. Jako przykład można wskazać bardzo znany organiczny materiał transportujący elektrony, C60, którego przewodnictwo wewnętrzne zostało zwiększone z 3,80x10-8 do wartości 7,90x10-3 poprzez domieszkowanie. Jednak techniki dopingowe w elektronice organicznej są zupełnie inne od tych w elektronice nieorganicznej. Podczas gdy doping materiałów nieorganicznych polega na zastąpieniu atomów osnowy atomami zanieczyszczeń, doping materiałów organicznych jest niczym innym jak prostym procesem przenoszenia ładunków [4, 5].

Teza ta będzie się koncentrować głównie na dopingu, a mianowicie dopingu molekularnym organicznych materiałów półprzewodnikowych, głównie polimerowych, w dziedzinie OFET i przejdzie przez osiągnięcia badawcze poprzez doping, który zgłosiliśmy w dziedzinie tranzystorów organicznych podczas tej pracy dyplomowej. Przed dokonaniem przeglądu wspomnianej pracy dyplomowej, da ona pewne teoretyczne podstawy na temat organicznych materiałów półprzewodnikowych, ich właściwości elektronicznych i OFET oraz głównych podstaw dopingu. Omówione zostaną również środki dopingujące stosowane dotychczas w organicznych materiałach półprzewodnikowych. Tezę zakończymy krótkim podsumowaniem i przeglądem prac dopingowych przeprowadzonych w trakcie prac nad tą tezą oraz ich wkładu w rozwój elektroniki organicznej.

Referencje

1] I. Salzmann, G. Heimel, Toward a comprehensive understanding of molecular doping organic semiconductors (review), Journal of Electron Spectroscopy and Related Phenomena, 204 (2015) 208-222.

2] C. Yumusak, M. Abbas, N.S. Sariciftci, Optical and electrical properties of electrochemically doped organic field effect tranzystors, Journal of luminescence, 134 (2013) 107-112.

A .V. Tunc, A. De Sio, D. Riedel, F. Deschler, E. Da Como, J. Parisi, E. Von Hauff, Molecular doping of low-bandgap-polymer: fulleren solar cells: Effects on transport and solar cells, Organic Electronics, 13 (2012) 290-296.

[4] Lüssem B.; Keum C.-M.; Kasemann D.; Naab B.; Bao Z.; Leo K. Doped Organic Transistors, Chem. Rev. 2016, 116 (22), 13714-13751.

5] Lüssem B.; Riede M.; Leo K. Doping organicznych półprzewodników, Phys. Status Solidi A 210, No. 1, 9-43 (2013).

ROZDZIAŁ 1

ORGANICZNE PÓŁPRZEWODNIKI

Do obecnego wieku na rynku elektroniki użytkowej dominowały półprzewodniki nieorganiczne na bazie krzemu lub germanu. Materiały te mają wyjątkowe właściwości elektryczne, takie jak wysoka mobilność, wysoka stabilność, która wynika z ich jednokrystalicznej struktury. Chociaż same materiały nieorganiczne są obfite i nie są tak drogie, procesy związane z ich metodami wytwarzania urządzeń są bardzo skomplikowane, a także bardzo kosztowne. Poza tym, nieorganiczne półprzewodniki są w zasadzie kruche i nie nadają się do zastosowań elastycznych, optoelektronicznych i wielkopowierzchniowych. Co więcej, w dzisiejszych czasach elektronika rozwinęła się do rozmiarów nanometrów, co sprawiło, że rozpoczęcie poszukiwań alternatyw dla materiałów nieorganicznych stało się nieuniknione. Poszukiwania te ujawniły nową klasę materiałów o właściwościach półprzewodnikowych. Materiały te znane są jako półprzewodniki organiczne, które składają się głównie z cząsteczek opartych na węglu [1-3]. Materiały organiczne są powszechnie znane jako izolatory. Jednak te z koniugowanymi szkieletami z naprzemiennie podwójnymi (czasami, potrójnymi) i pojedynczymi wiązaniami, wykazują właściwości półprzewodnikowe ze względu na przesunięte π-elektrony dzięki nakładaniu się π-orbitalów, a materiały te wykazują odpowiednie właściwości mechaniczne i optyczne również dla nowoczesnej elastycznej i przezroczystej elektroniki [4]. Również ich właściwości materiałowe, w tym właściwości mechaniczne, elektryczne i optyczne, są określane chemicznie i przestrajalne.

Klejenie w materiałach organicznych różni się od klejenia w materiałach nieorganicznych. Cząsteczki półprzewodników organicznych są sprzężone, ponieważ zawierają naprzemiennie wiązania pojedyncze i podwójne kowalencyjne. A przewodnictwo materiałów organicznych pochodzi głównie z koniugacji w ich szkielecie. Aby uzyskać głębszy wgląd w elektroniczne właściwości materiałów organicznych, konieczne jest zrozumienie sposobów wiązania w ich cząsteczkach. Istnieją dwa rodzaje wiązań kowalencyjnych w półprzewodnikach organicznych: σ (sigma) i π (pi). Wiązania Sigma są najsilniejszymi chemicznymi wiązaniami kowalencyjnymi tworzonymi przez bezpośrednie nakładanie się na siebie orbit (head-on) lub osiowe. Może to zachodzić poprzez nakładanie się na siebie orbit s-s, s-p i p-p, a elektrony są współdzielone i zlokalizowane pomiędzy jądrami zaangażowanych atomów poprzez wiązanie kowalencyjne. Odpowiednio, te elektrony sigma nie są dostępne i są ograniczone do poruszania się lub zmiany pozycji, nawet gdy są wystawione na działanie zewnętrznego pola siłowego, ponieważ są ściśle związane ze swoimi atomami, a więc nie przyczyniają się do przewodności elektrycznej materiału. Natomiast wiązania Pi są rodzajem wiązań kowalencyjnych, które powstają w wyniku bocznego nakładania się na siebie orbit p-p (Rys.1).

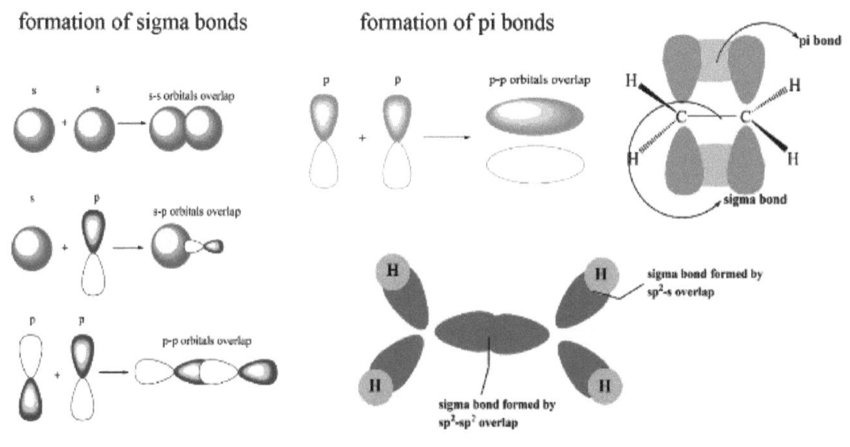

Rysunek 1. Tworzenie się wiązań sigma i pi w cząsteczkach półprzewodników organicznych.

Wiązania Pi są znacznie słabsze od wiązań sigma i tutaj gęstość elektronów jest rozłożona powyżej i poniżej płaszczyzny jąder. I te przesunięte π-elektrony, które mogą swobodnie poruszać się po sprzężonym szkielecie faktycznie powodują przewodnictwo elektryczne cząsteczki, ponieważ ich położenie i ruch są wrażliwe na oddziaływanie pola zewnętrznego, ponieważ nie są związane jako elektrony sigma. Aby wyjaśnić przewodnictwo wykazywane przez sprzężone cząsteczki, to wiązanie należy rozumieć jako hybrydyzację sp2, gdzie jedna orbita 2s hybrydyzuje z dwoma z orbit 2p na trzy, co pozostawia jedną orbitę 2p zajmowaną przez jeden elektron i dostępną dla przyciągania chmury elektronów sąsiedniego, pojedynczo zajmowanego orbitala 2p. W konsekwencji, poprzez nakładanie się płatów tych orbit 2p-2p tworzy się wiązanie π, a przejście elektronów w cząsteczce następuje pomiędzy orbitami π-π*, a nie σ σ*. W chemii organicznej poziom energii π określa się jako najwyższy zajęty orbital molekularny (HOMO), a π* jako najniższy wolny orbital molekularny (LUMO) [5] (Rys. 2).

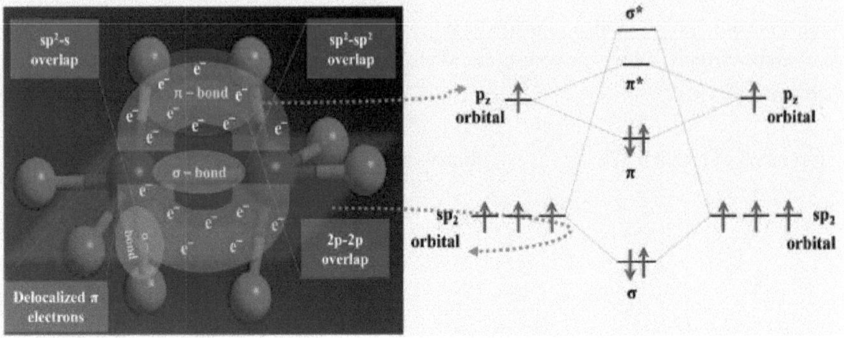

Rysunek 2. Schemat orbit i wiązań molekularnych dla półprzewodników organicznych.

Sprzężony system π organicznych półprzewodników istnieje w dwóch strukturach materiałowych: małych cząsteczkach i makrocząsteczkach (polimerach).

1.1.MAŁE MOLEKUŁY

Małe molekularne półprzewodniki nazywane są również "oligomerami" i składają się z pojedynczej lub kilku odrębnych ilości monomerów. Najczęściej znanym i stosowanym małocząsteczkowym półprzewodnikiem organicznym, który wyróżnia się jako model, jest pentacena. Ten wysoko sprzężony wielopierścieniowy węglowodór aromatyczny jest cząsteczką planarną składającą się z pięciu liniowo stopionych pierścieni benzenowych. Aromatyczność, wynikająca z cyklicznego i płaskiego kształtu pierścieni benzenowych w strukturze, sprawia, że pentacen jest bardzo stabilny i krystaliczny. Jest to znany i szeroko badany wysokosprawny półprzewodnik organiczny stosowany w różnego rodzaju organicznych urządzeniach elektronicznych. Obecnie małe, molekularne półprzewodniki organiczne, takie jak pentacen i rubren, ze względu na swoje wyjątkowe właściwości strukturalne przewyższają pod względem wydajności krzem amorficzny (α-Si). Szereg innych małych molekuł, w tym tetracylochinodimetan (TCNQ), buckminsterfulleren (C60), itp., zostało również wykazanych jako wysokosprawne materiały elektroniczne stosowane w elektronice organicznej. Niektóre z powszechnie stosowanych małych molekuł podano na rys. 3.

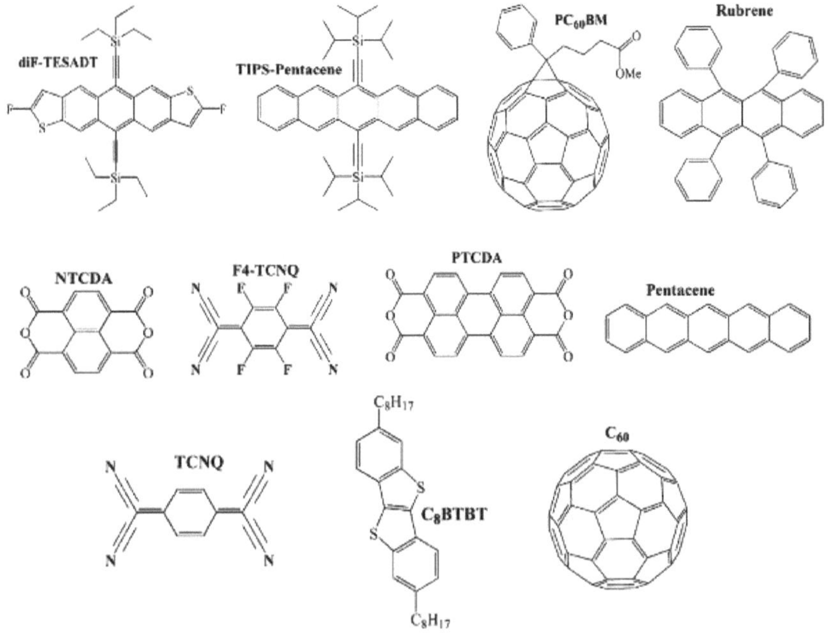

Rysunek 3. Struktury molekularne organicznych małych cząsteczek półprzewodników (od lewej do prawej, od góry do dołu): diF-TESADT, TIPS-Pentacene, PC60BM, Rubren, NTCDA, F4-TCNQ, PTCDA, Pentacene, TCNQ, C8BTBT, C60.

Opracowano różne metody syntezy wysokowydajnych półprzewodników o małych cząsteczkach. Głównym wyzwaniem w tej dziedzinie jest rozwiązanie problemów związanych z nierozpuszczalnością małych cząsteczek bez uszczerbku dla ich wysokiej krystaliczności, czystości i właściwości optoelektronicznych. Jednym z powszechnie stosowanych w tym celu sposobów jest dodawanie grup bocznych lub podstawników do łańcucha rdzeniowego cząsteczek, co nazywane jest inżynierią łańcuchów bocznych. A jednym z najbardziej udanych przykładów tej metody jest synteza rozpuszczalnych pochodnych pentacenu, takich jak pentacen TIPS (Rys. 3). Chociaż sam pentacen jest na ogół nierozpuszczalny i osadza się w wyniku sublimacji próżniowej, pentacen TIPS zaprojektowany poprzez wprowadzenie dwóch identycznych grup bocznych do szkieletu pentacenu, jest rozpuszczalny i może być osadzany w celu utworzenia wysoce uporządkowanych warstw krystalicznych z różnych rozpuszczalników organicznych, w tym chlorobenzenu, chloroformu, toluenu i p-ksylenu poprzez powlekanie spinowe, odlewanie kroplowe i druk atramentowy. Dodawanie łańcuchów bocznych lub grup do głównego szkieletu jest również z powodzeniem stosowane do kontroli poziomu HOMO i LUMO materiałów w celu uzyskania lepszej wydajności. Odległość pomiędzy poziomami HOMO i LUMO określana jako Band Gap (BG) ma decydujący wpływ na transport ładunków i przewodność materiałów. Im węższa szczelina pasmowa, tym lepsze osiągi elektryczne jako możliwości promocji elektronów z poziomu HOMO do poziomu LUMO, są większe w półprzewodnikach z wąską szczeliną pasmową. Rys. 4 przedstawia wykres pasmowy i poziomy energii niektórych półprzewodników organicznych o małych cząsteczkach.

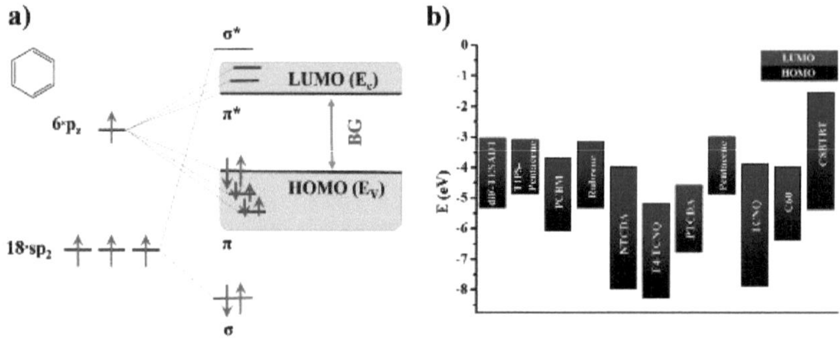

Rysunek 4. a) Wykres pasm energetycznych oraz b) schemat pasm energetycznych półprzewodników organicznych o małych cząsteczkach: diF-TESADT, TIPS-Pentacene, PC60BM, Rubren, NTCDA, F4-TCNQ, PTCDA, Pentacene, TCNQ, C8BTBT, C60.

1.2. POLIMERY

Jak już zostało to zrozumiane z powyższych paragrafów, na początku badania półprzewodników organicznych obejmowały głównie pojedyncze kryształowe małe cząsteczki, takie jak pentacen, antracen, rubren i inne aceny. Nowa epoka rozpoczęła się w świecie elektroniki organicznej, gdy pierwszy organiczny polimer przewodzący, poliacetylen został odkryty i opracowany przez trzech wielkich naukowców naszych czasów, Alan J. Heeger, Alan G. MacDiarmid i Hideki Shirakawa. To odkrycie, które można również uznać za pierwsze doświadczenie dopingu w elektronice organicznej (naukowcy dopingują poliacetylen z chloru, bromu i pary jodu poprzez reakcję chemiczną, w wyniku której polimer zaczął wykazywać przewodność elektryczną 10^{9} razy większą niż jego pierwotne (wewnętrzne) przewodnictwo), zmieniło cały pogląd na temat polimerów, które były uważane tylko izolatory do tego czasu. Chociaż te przewodzące polimery nadal pozostają w tyle za swoimi nieorganicznymi odpowiednikami pod względem właściwości elektrycznych, to jednak oferują one właściwości optoelektroniczne podobne lub nawet wyższe niż nieorganiczne półprzewodniki. Ponadto posiadają one również doskonałe właściwości mechaniczne, bardzo przydatne dla elastycznej elektroniki [6]. Półprzewodniki polimerowe są również bardzo łatwe do syntezy.

Polimery przewodzące zawierają sprzężony szkielet poprzez swoją strukturę molekularną. Struktura ta jest utrzymywana razem przez bardzo silne i zlokalizowane wiązania sigma i słabsze wiązania π, które są główną przyczyną przenoszenia się π-elektronów wzdłuż łańcucha polimeru, jak już omówiliśmy to powyżej. Chociaż te π-elektrony sprawiają, że materiał przewodzi prąd elektryczny, ich liczba w polimerach organicznych nie jest wystarczająca do odpowiedniego przewodnictwa. Ich stabilność jest również kolejną istotną kwestią, którą należy się zająć. Do tych celów stosuje się metodę domieszkową w celu dodania dodatkowych nośników (elektronów lub otworów) do łańcucha polimeru, aby poprawić właściwości elektroniczne i stabilność polimerowych półprzewodników organicznych. Rys. 5 ilustruje uogólniony schemat pasm energetycznych niektórych polimerów przewodzących.

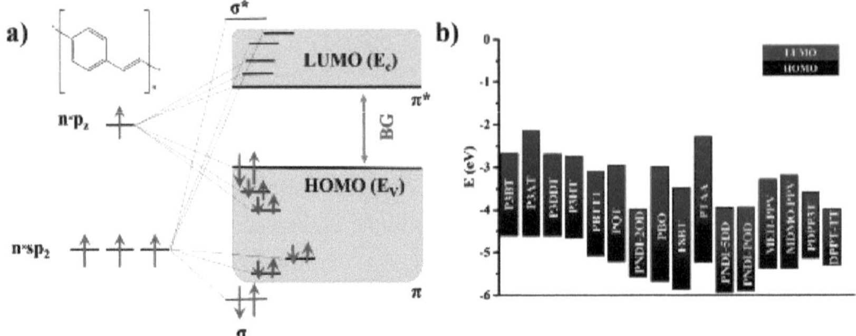

Rysunek 5. a) Wykres pasm energetycznych oraz b) schemat pasm energetycznych półprzewodników z polimerów organicznych: P3BT, P3AT, P3DDT, P3HT, PBTTT, PQT, PNDI-2OD, PBO, F8BT, PTAA, PNDI-5DD, PNDI-POD, MEH-PPV, MDMO-PPV, PDPP3T, DPPT-TT.

Te polimerowe półprzewodniki mają wielki potencjał do zastosowania w elastycznych i rozciągliwych urządzeniach elektronicznych, takich jak tranzystory cienkowarstwowe, fotowoltaika i czujniki. Struktury molekularne niektórych reprezentatywnych polimerów organicznych przedstawiono na Rys.6.

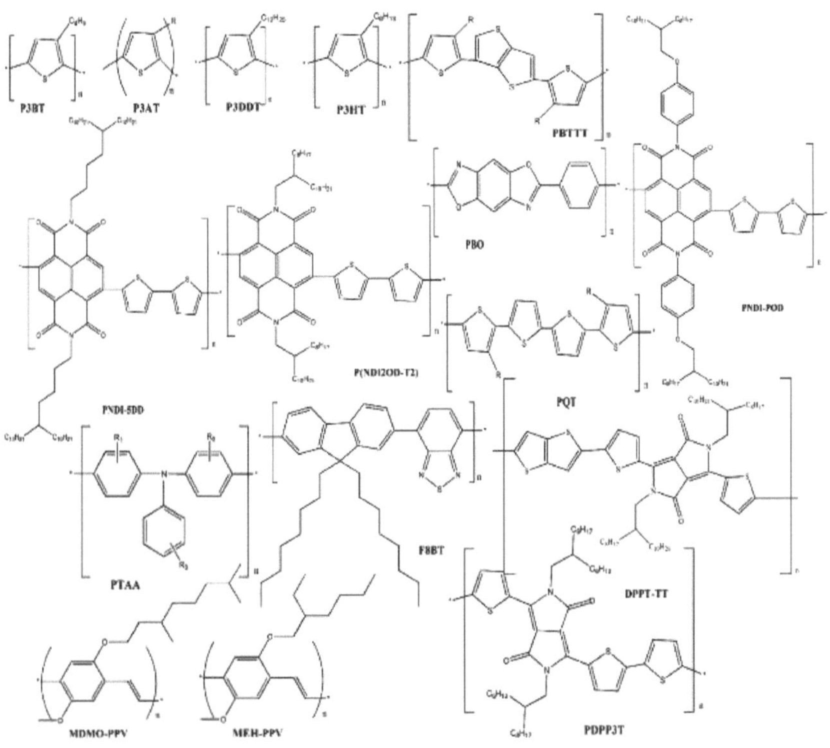

Rysunek 6. Struktury molekularne niektórych powszechnie stosowanych sprzężonych polimerów półprzewodnikowych (od lewej do prawej, od góry do dołu): P3BT, P3AT, P3DDT, P3HT, PBTTT, PNDI-POD, PNDI-5DD, P(NDI2OD-T2), PBO, PQT, PTAA, F8BT, DPPT-TT, MDMO-PPV, MEH-PPV, PDPP3T.

Podczas gdy kilkadziesiąt lat temu polimery były stosowane wyłącznie w przemyśle tworzyw sztucznych i do celów izolacyjnych, to po domieszce mogą być stosowane w tranzystorach, diodach, ogniwach słonecznych itd.

1.3. RODZAJE NOŚNIKÓW ŁADUNKU

Półprzewodniki organiczne, oprócz tego, że są podzielone na dwie grupy jako małe cząsteczki i polimery, są również klasyfikowane jako półprzewodniki typu p i typu n jako ich nieorganiczne odpowiedniki. Zasadniczo, wszystkie materiały półprzewodnikowe powinny być półprzewodnikami przenoszącymi elektrony, to znaczy półprzewodnikami typu n. Niemniej jednak są one sklasyfikowane albo jako materiały półprzewodnikowe typu p, albo typu n. W elektronice nieorganicznej półprzewodnik typu "n" lub "p" oznacza materiał półprzewodnikowy silnie domieszkowany atomami elektronów (fosforem, arsenem lub innym pierwiastkiem z kolumny V) lub pozbawionymi elektronów (borem, galem lub innym pierwiastkiem z kolumny III) pierwiastkami chemicznymi poprzez zastąpienie atomów siatki matrycy atomami domieszki. Podsumowując, wszystkie półprzewodniki nieorganiczne typu n- lub p są półprzewodnikami zewnętrznymi. W przypadku półprzewodników organicznych sytuacja jest zupełnie inna. Aby zakwalifikować je do półprzewodników typu p lub n, nie muszą być one koniecznie dodatkowo domieszkowane. Są to materiały z natury rzeczy typu p- lub n. Można to wyjaśnić w następujący sposób. W większości materiałów organicznych elektrony są silnie uwięzione w wyniku wysoce nieuporządkowanej struktury molekularnej i obfitości zlokalizowanych stanów pułapki w szkielecie polimeru. Ta cecha sprawia, że są one określane jako półprzewodniki typu p. Wciąż jednak istnieje bardzo niewiele organicznych materiałów półprzewodnikowych, w których elektrony nie są tak mocno uwięzione i mogą się swobodnie poruszać oraz przenosić ładunek prowadzący do przepływu prądu. To ostatnie powoduje, że te polimery są półprzewodnikami typu n. Rysunek 7 ilustruje struktury pasmowe półprzewodników typu n i p, a także półprzewodników ambipolarnych.

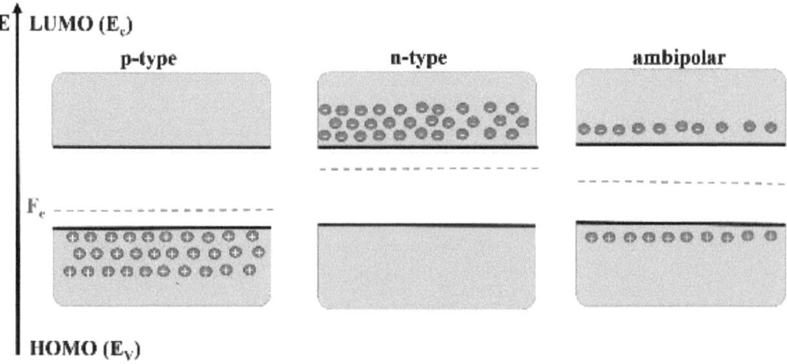

Rysunek 7. Struktury pasmowe materiałów półprzewodnikowych typu p, n i ambipolarnych. Kręgi ze znakiem ujemnym w paśmie przewodzenia, są elektronami, a kręgi ze znakiem dodatnim w paśmie walencyjnym, są otworami. W półprzewodnikach typu n większość nośników ładunków elektrycznych stanowią elektrony, podczas gdy w półprzewodnikach typu p głównie otwory przenoszą ładunki elektryczne. Odpowiednio, w półprzewodnikach ambipolarnych, zarówno elektrony jak i otwory są nośnikami ładunków elektrycznych.

Istnieje również inny, nowo powstały rodzaj organicznych materiałów półprzewodnikowych, znany jako półprzewodnik ambipolarny. Dla tych materiałów charakterystycznymi właściwościami elektrycznymi są zarówno transport otworów, jak i elektronów. Ten rodzaj transportu ambipolarnego jest zwykle obserwowany w półprzewodnikach organicznych o wąskich szczelinach pasmowych. Struktura pasmowa tych półprzewodników może być również teoretycznie opisana jak na Rys. 7. Niektóre ze znanych półprzewodników typu p-, n i ambipolarnego przedstawiono na Rys. 8.

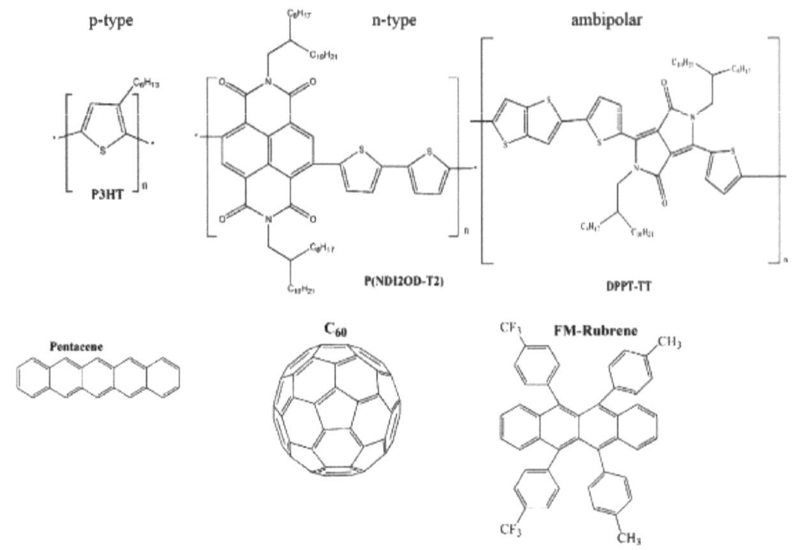

Rysunek 8. Powszechnie zgłaszany typ n (P(NDI2OD-T2), C60), typ p (P3HT, Pentacene) i ambipolarne (DPPT-TT, Bis(trifluorometylo)-dimetylo-rubren (FM-Rubren) organiczne materiały półprzewodnikowe.

1.4. MECHANIZMY NALICZANIA OPŁAT ZA TRANSPORT

Ponieważ struktura molekularna półprzewodników organicznych jest stabilizowana głównie przez siły van der-Waalsa, przenoszenie ładunków w tych materiałach jest inne niż w materiałach nieorganicznych. Tutaj dzieje się to raczej przez całą molekułę niż wewnątrz pojedynczego atomu, co sprawia, że cały transport ładunku jest bardziej podobny do ładunku poruszającego się z deformacją siatki wokół niej (sprzężenie ładunkowo-fonowe), które jest znane jako transport polaronowy lub przeskok ładunku pomiędzy stanami lokalnymi (ładunek jest sekwencyjnie uwięziony i uwolniony) niż transport pasmowy (ładunki są promowane do odpowiednich poziomów energii poprzez zewnętrzne wzbudzenie), który jest najczęściej spotykany w nieorganicznych materiałach półprzewodnikowych. Rysunek 9 ilustruje różnice we właściwościach wiążących materiałów nieorganicznych i organicznych oraz schemat transportu ładunków w obu rodzajach półprzewodników [7].

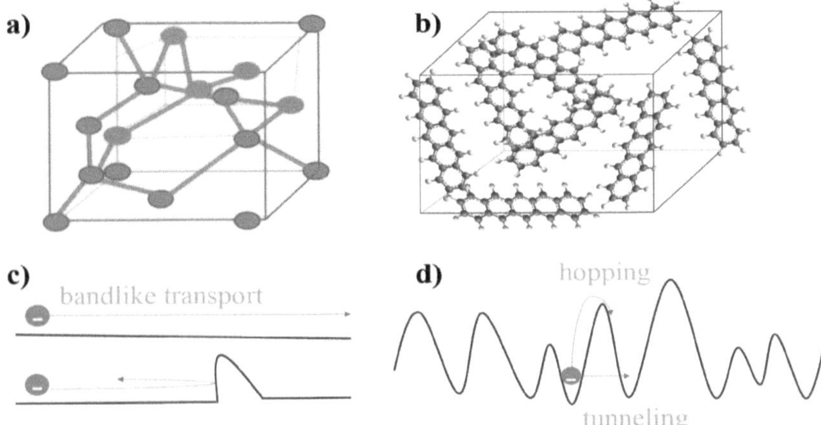

Rysunek 9. a) Wiązanie nieorganicznych materiałów półprzewodnikowych - wiązania kowalencyjne (jak w Si) lub jonowe (jak w GaAs); b) Wiązanie w organicznych materiałach półprzewodnikowych - wiązanie Van-der-Waals (wiązanie pomiędzy kowalencyjnie związanymi cząsteczkami); mechanizmy transportu ładunków w: (c) nieorganicznych oraz, (d) organicznych półprzewodników (możliwe tunelowanie i przeskakiwanie poprzez transport polaronowy).

W elektronice organicznej, w celu pełnego zrozumienia określania poziomów transportu w organicznych półprzewodnikach, pasmo walencyjne (VB) i pasmo przewodzenia (CB) są powszechnie kojarzone odpowiednio z HOMO i LUMO. Poziomy te nazywane są poziomami energetycznymi interesujących materiałów i odgrywają bardzo ważną rolę w elektronice organicznej oraz najważniejszą w procesie dopingu materiałów organicznych. Kiedy elektron zostaje wzbudzony z HOMO i uwięziony w stanach zlokalizowanych (pułapkach), w cząsteczce powstaje dodatni nośnik ładunku (otwór). Po dodaniu elektronu do LUMO, zaczyna on przenosić ładunek ujemny w całym szkielecie molekularnym. Poza tym, że transport ładunków w półprzewodnikach organicznych odbywa się poprzez zlokalizowane stany energetyczne, w przeciwieństwie do półprzewodników nieorganicznych, gdzie odbywa się on nad zdelokalizowanymi stanami energetycznymi, istnieje jeszcze jedna ważna różnica w ich mechanizmach transportu. Podczas gdy wzrost temperatury ma niekorzystny wpływ na transport ładunków w półprzewodnikach nieorganicznych, ponieważ zmniejsza mobilność nośników ładunków z powodu wibracji sieci, które prowadzą do dominacji rozpraszania siatki, w przypadku półprzewodników organicznych efekt ten jest całkowicie odwrotny. Wzrost temperatury zwykle prowadzi do aktywacji lub zwiększenia mobilności nośników ładunku w nieuporządkowanych półprzewodnikach organicznych, ponieważ wyższe temperatury dostarczają nośnikom energii potrzebnej do pokonania (przeskoczenia) barier energetycznych i pułapek w strukturze molekularnej. Również drgania siatki pochodzące z wysokich temperatur wpływają korzystnie na uwalnianie uwięzionych ładunków. W związku z tym, wraz ze wzrostem temperatury, będzie odbywał się termicznie aktywowany transport hoppingowy, co doprowadzi do zwiększenia zarówno liczby nośników ładunków uwalnianych z pułapek, jak i ich mobilności (rys. 10).

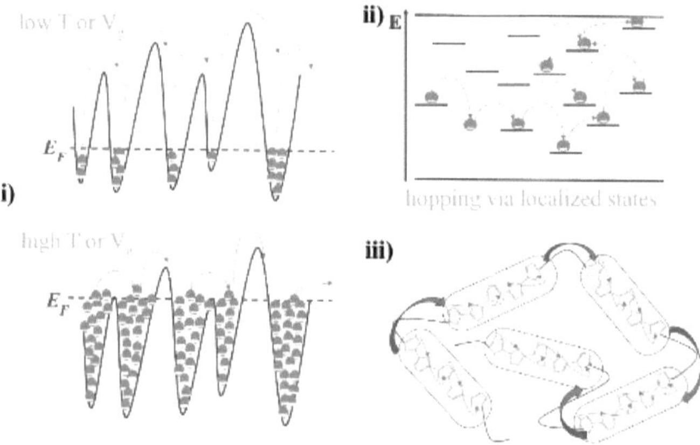

Rysunek 10. Generowanie nośników ładunku (i) i mechanizmy transportu w półprzewodnikach z polimerów organicznych - (ii) wychwytywanie i uwalnianie ładunku (hopping) poprzez zlokalizowane stany energetyczne oraz (ii) międzycząsteczkowy i wewnątrzcząsteczkowy transport ładunku.

To zwiększenie mobilności i liczby nośników ładunku jest głównie przypisywane zarówno zyskowi energetycznemu (energia aktywacji, energia kinetyczna, która pozwala nośnikom ładunku pokonać potencjalne bariery, które mogą je uwięzić, a dzięki energii termicznej, którą posiadają, poruszają się wzdłuż struktury molekularnej poprzez skakanie), jak i drganiom sieciowym (w przeciwieństwie do nieorganicznych półprzewodników, gdzie drgania sieciowe przyczyniają się do lokalizacji ładunku poprzez jego rozpraszanie i przechwytywanie, w organicznych półprzewodnikach drgania sieciowe wspomagają transport ładunku poprzez promowanie nośników poza miejscami uwięzienia i ułatwianie skakania między miejscami). Wzrost mobilności związany jest również z pasywacją głębokich i płytkich łapaczy poprzez napełnianie ich aktywowanymi gorącymi nośnikami, co zapewnia płynną drogę transportu wolnych nośników.

1.5. ZWYKŁE PÓŁPRZEWODNİKİ ORGANİCZNE İ İCH ZASTOSOWANİA

Jak już wspomniano powyżej, OBW mają duży potencjał, aby stać się kluczowymi elementami elastycznej elektroniki ze względu na ich doskonałą elastyczność mechaniczną, jak również właściwości optoelektroniczne [1, 2]. Organiczne diody elektroluminescencyjne zostały ostatnio z powodzeniem zastosowane w płaskich wyświetlaczach panelowych, a ich zastosowanie stopniowo rozszerza się na lekkie, elastyczne i zużywające się urządzenia [1-3]. Również tranzystory i urządzenia fotowoltaiczne oparte na sprzężonych cząsteczkach organicznych zaczęły mieć praktyczne zastosowanie w dzisiejszej elektronice. Duże i światowe firmy, takie jak Kodak, SK Display Corp., Sony Corporation, Mitsubishi, Samsung i LG Electronics odniosły już sukcesy w komercjalizacji urządzeń elektroniki organicznej w różnych dziedzinach, w tym w zastosowaniach wyświetlaczy. Od 1987 r., kiedy to firma Eastman Kodak zbudowała pierwsze praktyczne urządzenie OLED [8], technologia OLED stała się skomercjalizowanym biznesem wartym wiele milionów dolarów. Na rynku pojawiły się nowe firmy przemysłowe specjalizujące się w produkcji OLED-ów. Jedną z nich jest firma JOLED Inc, która opracowała i skomercjalizowała pierwszy na świecie panel OLED produkowany w procesie druku atramentowego dla elastycznych wyświetlaczy wszystkich rozmiarów. Poniższy rysunek (Rys. 11) przedstawia tylko kilka z tych niedawno opracowanych urządzeń elektronicznych na bazie organicznej.

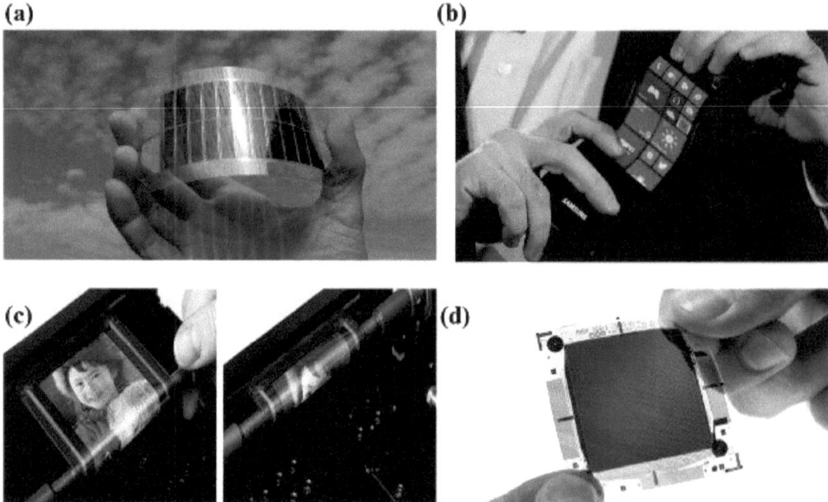

Rysunek 11. (a) elastyczne organiczne ogniwo fotowoltaiczne (źródło: Fraunhofer ISE), (b) elastyczny prototyp smartfonu opracowany przez Samsunga, (c) elastyczny i obrotowy wyświetlacz OLED z cienkim papierem firmy Sony, oraz (d) pierwszy na świecie organiczny czujnik obrazu na tworzywie sztucznym opracowany wspólnie przez firmy ISORG i Plastic Logic.

1.6. WNIOSKI

Ze względu na rosnącą potrzebę poszukiwania alternatyw dla elementów aktywnych na bazie krzemu, półprzewodniki organiczne stały się trwałymi materiałami do zastosowań elektronicznych, pomimo ich ograniczeń w zakresie parametrów elektrycznych i stabilności. Ich unikalne właściwości, takie jak zmniejszenie grubości warstwy do nanowymiarowości, doskonała elastyczność urządzeń, łatwe, szybkie i tanie etapy przetwarzania oraz inne mechaniczne i optyczne korzyści, które nie są możliwe w urządzeniach na bazie krzemu, obiecują dość duży potencjał, aby w ciągu kilku następnych dziesięcioleci materiały te stały się dominującymi materiałami dla elektroniki użytkowej. Są one również obfite, a setki z nich są opracowywane i badane każdego dnia. Półprzewodniki organiczne są również przyjazne dla środowiska, co sprawia, że są one światłem przewodnim dla jaśniejszej i bezpieczniejszej przyszłości dla ludzkości.

REFERENCJE

Facchetti, A. π-Conjugated Polymers for Organic Electronics and Photovoltaics Cell Applications. Chem. Mater. 2011, 23, 733–758.

Walzer K.; Maennig B.; Pfeiffer M.; Leo K. Highly Efficient Organic Devices based on Electrically Doped Transport Layers. Chem. Rev. 2007, 107, 1233-1271.

Geffroy B.; Le Roy P.; Prat C. Technologia OLED (Organic Light-Emitting Diode): Materiały, urządzenia i technologie wyświetlania. Polimery. Int. 55:572-582(2006).

[4] Zhao X.; Chaudhry T. S.; Mei J. Chapter Five - Heterocyclic Building Blocks for Organic Semiconductors, Part of Volume: Chemia heterocykliczna w XXI wieku: A Tribute to Alan Katritzky, s. 133-171, Advances in Heterocyclic Chemistry (Postępy w chemii heterocyklicznej), 2017.

[5] Hoffmann R.; Janiak C.; Kollmar C. A Chemical Approach to the Orbitals of Organic Polymers, Macromolecules, 1991, 24 (13), 3725-3746.

[6] Root E. S.; Savagatrup S.; Printz D. A.; Rodriquez D.; Lipomi J. D. Właściwości mechaniczne organicznych półprzewodników dla rozciągliwej, wysoko elastycznej i mechanicznie wytrzymałej elektroniki, Chem. Rev., 2017, 117 (9), 6467-6499.

Coropceanu V.; Cornil J.; A. da Silva Filho D.; Olivier Y.; Silbey R.; Bread J.-L. Charge Transport in Organic Semiconductors, Chem. Rev., 2007, 107(4), 926-952.

[8] Tang C. W.; Vanslyke S. A. Organic Electroluminescent Diodes, Appl. Phys. Lett., 51 (12), 913 (1987).

ROZDZIAŁ 2

ORGANICZNE TRANZYSTORY EFEKTÓW POLOWYCH (OFETY)

Tranzystory są urządzeniami półprzewodnikowymi stosowanymi jako wzmacniacze sygnałów lub przełączniki. Są one podstawowym elementem składowym nowoczesnych urządzeń elektronicznych i istnieje kilka typów tranzystorów do różnych zastosowań. Jednym z nich są tranzystory polowe (Field-effect Transistors - FET). Tranzystory te są używane w wielu układach scalonych do zastosowań w technologii częstotliwości radiowych (RF), sterowania mocą, przełączania, wzmacniania itp. Działają one z wykorzystaniem efektu pola elektrycznego do kontroli ładunków (prądu) w kanale. Organic Field - Effect Transistors (OFETs) są rodzajem tranzystorów FET, które wykorzystują organiczny materiał półprzewodnikowy w swoim kanale aktywnym. Są one również znane jako organiczne tranzystory cienkowarstwowe (OTFT), ponieważ zarówno warstwa aktywna jak i izolująca składają się w tych urządzeniach z bardzo cienkich warstw. Pierwszy OFET został wyprodukowany przez Koezukę i jego współpracowników w 1987 roku na bazie tiofenu przewodzącego materiał polimerowy.

Struktura urządzenia jest taka sama jak w tranzystorach polowych MOSFET (Metal Oxide Semiconductor Field-Effect Transistors), inny rodzaj FETów, który składa się z trzech głównych terminali, z których jeden (Gate) może być sterowany prądem (gęstość nośnika ładunku) pomiędzy dwoma pozostałymi (Source i Drain). Głównym wskaźnikiem tranzystorów organicznych jest zastosowanie materiałów organicznych jako warstwy aktywnej, podczas gdy cienka warstwa izolacyjna (dielektryk bramki) oddzielająca zacisk Gate'a tranzystora od zacisków Source i Drain oraz kanał przewodzący pomiędzy nimi, może być wybrana zarówno z materiałów organicznych jak i nieorganicznych. Wyjściem głównym wejściowego napięcia bramki w tych urządzeniach jest prąd spustowy jak w MOSFETach [1, 2].

2.1. PROJEKT URZĄDZENIA I ZASADY DZIAŁANIA

W zależności od położenia źródła i zacisków spustowych w stosunku do warstwy aktywnej urządzenia, OFETy są zazwyczaj skonfigurowane w dwóch głównych strukturach urządzenia: styk górny (TC) - gdy źródło i elektrody spustowe są osadzone na górze materiału organicznego i styk dolny (BC) - gdy źródło i elektrody spustowe są osadzone pod półprzewodnikiem organicznym.

W zależności od położenia zacisku bramy i biorąc pod uwagę wyżej wymienione możliwe dwie konfiguracje urządzeń, OFETy są projektowane w czterech głównych geometriach: górna brama górna - kontakt (TGTC), dolna brama - kontakt dolny (BGBC), które są znane jako geometrie koplanarne, oraz górna brama - kontakt dolny (TGBC), górna brama - kontakt górny (BGTC), które są znane jako geometrie rozłożone. Rysunek 12 ilustruje cztery wspólne geometrie urządzeń OFET.

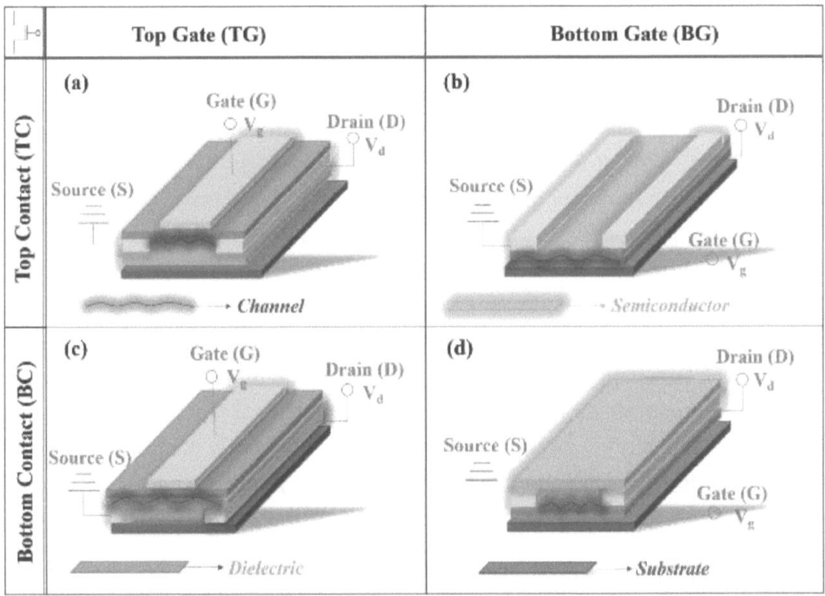

Rysunek 12. Konfiguracje OFET: a) TGTC, b) BGTC, c) TGBC, oraz d) BGBC.

Jako typ FET-ów, OFET-y składają się z trzech głównych zacisków zwanych gate, source i drain elektrod oraz kanału półprzewodnikowego. Elektroda bramki jest również nazywana elektrodą sterującą lub tendencyjną i jest izolowana od kanału cienką warstwą dielektryka. Wykorzystują one pole elektryczne wytwarzane przez bramkę do przyciągania i kontrolowania nośników ładunku w kanale półprzewodnikowym, który tworzy się między elektrodami źródłowymi i drenowymi po nałożeniu pola zewnętrznego. W zależności od typu półprzewodnika, kanał może być zdominowany przez otwory lub elektrony. W przypadku półprzewodników ambipolarnych, zarówno otwory jak i elektrony przepływają w kanale. Odpowiednio, OFETy występują albo jako p-kanał (kanał jest zdominowany przez otwory, półprzewodnik typu p jest używany), n-kanał (kanał jest zdominowany przez elektrony, półprzewodnik typu n jest używany), a czasami jako urządzenia ambipolarne (zarówno otwory jak i elektrony przyczyniają się do kanału, półprzewodnik jest używany).

OFETy działają w trybie akumulacji, w przeciwieństwie do MOSFETów. Gdy do bramki nie jest przyłożone napięcie, nie ma przepływu prądu pomiędzy źródłem a zaciskami spustowymi. Mówi się, że OFET znajduje się w stanie wyłączonym (OFF-state). Gdy brama jest stronnicza (przyłożone jest do niej napięcie), kontroluje ona przepływ prądu i jego ilość w kanale. Zatem OFET jest urządzeniem sterowanym napięciowo. W przypadku n-kanałowych OFETów, na bramkę przyłożone jest napięcie dodatnie, które przyciąga elektrony do kanału tworzącego się na styku półprzewodnika i dielektryka bramki. Aby zapewnić przepływ tych elektronów od źródła do drenażu, a tym samym wytworzyć prąd, na elektrodę drenującą musi być również przyłożone odpowiednie napięcie. Ponieważ elektrony naładowane ujemnie są przyciągane do miejsc naładowanych dodatnio, drenaż jest również obciążony napięciem dodatnim. W p-kanale OFETów napięcie robocze jest całkowite odwrotne. Zarówno elektrody bramki, jak i drenujące są zasilane napięciem ujemnym, aby przyciągnąć otwory i kontrolować przepływ prądu tworzony przez otwory w kanale. Gdy prąd zaczyna płynąć od źródła do drenażu, włącza się tranzystor. Po odwróceniu napięcia bramki do wartości dodatnich (w przypadku otworów) lub ujemnych (w przypadku elektronów), liczba nośników ładunku nagromadzonych w kanale zmniejsza się do momentu całkowitego wyczerpania wolnych ładunków i wyłączenia tranzystorów. Rys. 13 pokazuje mechanizm działania OFETów.

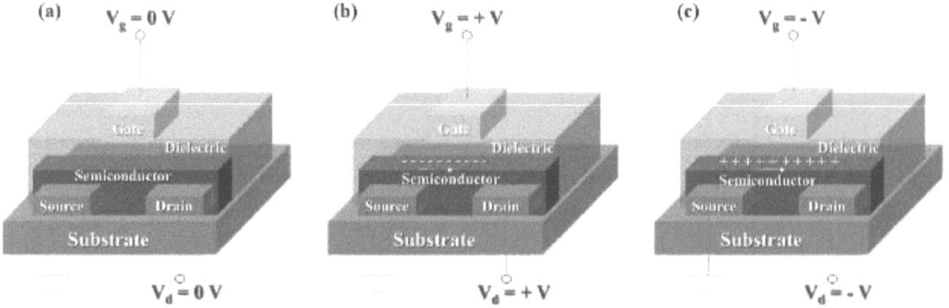

Rysunek 13. a) OFET w stanie wyłączonym (niepolaryzowanym) (brak przepływów bieżących), b) n-kanał OFET i c) p-kanał OFET.

Napięcie progowe dla wyczerpania n-kanału jest ujemne, natomiast dla p-kanału dodatnie.

2.2. MATERIAŁY

Ze względu na procesowość rozwiązań i doskonałą elastyczność, która sprawia, że OFETy są kompatybilne z plastikowymi podłożami i procesami drukowania, mają one szeroki wybór materiałów. W OFETach badano i stosowano różne rodzaje przewodzenia (dla warstwy aktywnej i elektrod), izolacji (dla warstwy dielektrycznej bramki) oraz nieprzewodzenia (dla podłoży nośnych). Tranzystory te mogą być realizowane zarówno na podłożach sztywnych (płytki szklane, krzemowe), jak i miękkich i elastycznych (PI, PEEK, PEN oraz inne tworzywa sztuczne, metal, a nawet folie papierowe). Ta zaleta tranzystorów OFET sprawia, że są to tanie i wielkopowierzchniowe urządzenia odpowiednie dla elektroniki ulegającej biodegradacji i zużywającej się, a także pochodzą z półprzewodników organicznych, które w niskich temperaturach są rozpuszczalne. Szeroka gama molekuł organicznych, zarówno małych jak i makrocząsteczek (polimerów), jest dostępna do zastosowania jako ich materiał aktywny-kanałowy. Półprzewodniki organiczne zostały już omówione w rozdziale 1, a niektóre z ich wspólnych przykładów podano na rys. 3, 6 i 8.

Materiały izolacyjne są stosowane w FET-ach, w tym OFET-ach, w celu odizolowania elektrody bramki od kanału półprzewodnikowego, stąd zazwyczaj są one nazywane "dielektrykami bramki". Materiały te polaryzują się pod wpływem pola elektrycznego przyłożonego do bramki i podtrzymują ładunki, nie przewodząc ich w znacznym stopniu. Dobra warstwa dielektryczna dla OFETów powinna mieć zwartą strukturę i niskie prądy upływowe przy minimalnych grubościach, a także gładką powierzchnię i kompatybilność z zastosowanym półprzewodnikiem organicznym w celu uzyskania interfejsu o mniejszej liczbie wad i dobrej morfologii. I jak już wspomniano powyżej, ponieważ główną cechą OFET jest zastosowanie organicznego półprzewodnika w jego kanale, ale niekoniecznie materiału organicznego jako dielektryka bramki, zarówno izolatory organiczne jak i nieorganiczne mogą być stosowane jako warstwa dielektryka bramki w OFETach. Kilka nieorganicznych materiałów izolacyjnych, począwszy od termicznie uprawianego ultracienkiego dwutlenku krzemu (SiO2) i ALD (osadzanie w warstwie atomowej) osadzonego tlenku glinu (Al2O3) do rozpuszczonych tlenków metali, zostało intensywnie zbadanych jako warstwa dielektryczna bramki w OFET. Niemniej jednak, obecnie naukowcy starają się wykorzystywać coraz więcej materiałów organicznych również w warstwie izolacyjnej, aby produkować tranzystory całkowicie organiczne lub oparte na polimerach. Ta dziedzina jest również bardzo aktywna i co roku zgłaszane są nowe syntetyczne wysokowydajne związki izolacyjne. Rys. 14 przedstawia wysokowydajne izolacyjne polimery organiczne najczęściej stosowane jako warstwa dielektryczna bramek w OFETach.

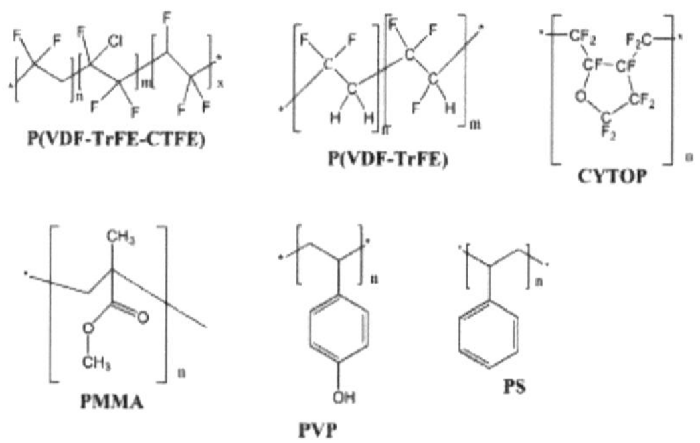

Rysunek 14. Powszechnie stosowane organiczne materiały dielektryczne.

Znaczna ilość metali, związków nieorganicznych i organicznych, takich jak aluminium (Al), złoto (Au), srebro (Ag), wapń (Ca), platyna (PT), grafen, nanorurki węglowe (CNTs) i PEDOT:PSS, zostały wykorzystane jako materiały do produkcji elektrod w OFETACH. Jako elektrodę bramową stosuje się na ogół metale o wysokiej funkcyjności użytkowej, w tym Al i Au. Styki źródłowe i spustowe są zazwyczaj wykonane z tego samego metalu i tutaj, przy wyborze materiału, należy rozważyć kompatybilność funkcji pracy metalu z odpowiednim poziomem energii (LUMO w przypadku półprzewodników typu n i HOMO w przypadku półprzewodników typu p) użytego półprzewodnika organicznego dla lepszej wydajności. W przypadku niedopasowania poziomu energii pomiędzy stykami metalowymi a warstwą aktywną, ładunki (otwory lub elektrony) mają wysokie bariery wtryskowe. Ilustracyjny schemat procesu wprowadzania ładunków ze źródła do materiału kanału aktywnego przedstawiono na Rys. 15.

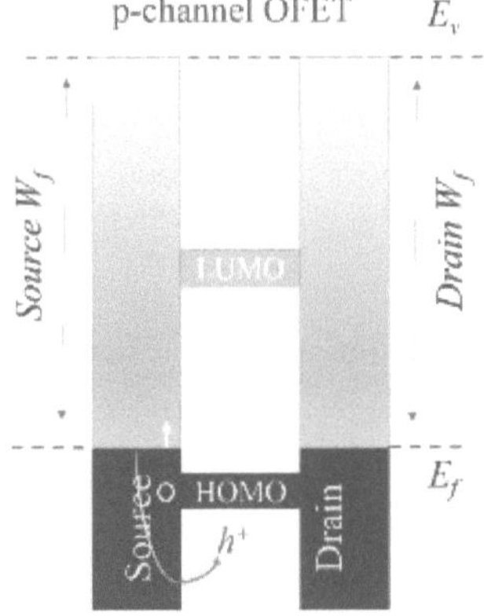

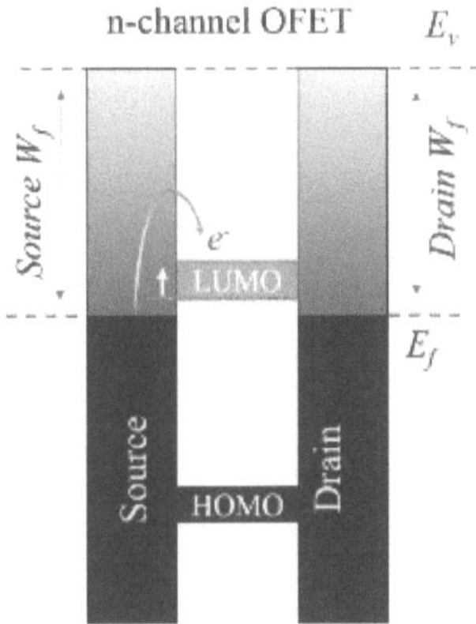

Rysunek 15. Schematyczny schemat wprowadzania ładunku ze styków p- i n-kanałowych OFETów.

2.3. CHARAKTERYSTYKA URZĄDZENIA

Charakterystyka OFET oznacza głównie dwie cechy: charakterystykę transferu i charakterystykę wyjścia. Ich definicja zależy od tego, czy napięcie przyłożone do elektrody bramki (VG - steruje wielkością przepływu prądu pomiędzy źródłem a elektrodami spustowymi) jest zmienne, podczas gdy napięcie przyłożone do elektrody spustowej (VD - służy jako siła napędowa przepływu prądu od źródła do drenażu) jest stałe, czy odwrotnie, VD jest zmienne, podczas gdy VG jest stałe. OFETy mogą pracować w dwóch reżimach, mianowicie liniowym i nasycenia. W reżimie liniowym VG steruje prądem drenowania (wyjście, ID) i w reżimie nasycenia VG nie ma już kontroli nad ID i zmiana VG nie będzie miała wpływu na ilość ID. Typowe krzywe charakterystyki p-kanałowej, n-kanałowej i ambipolarnej OFET w reżimach liniowym i nasycenia przedstawiono na rys. 16.

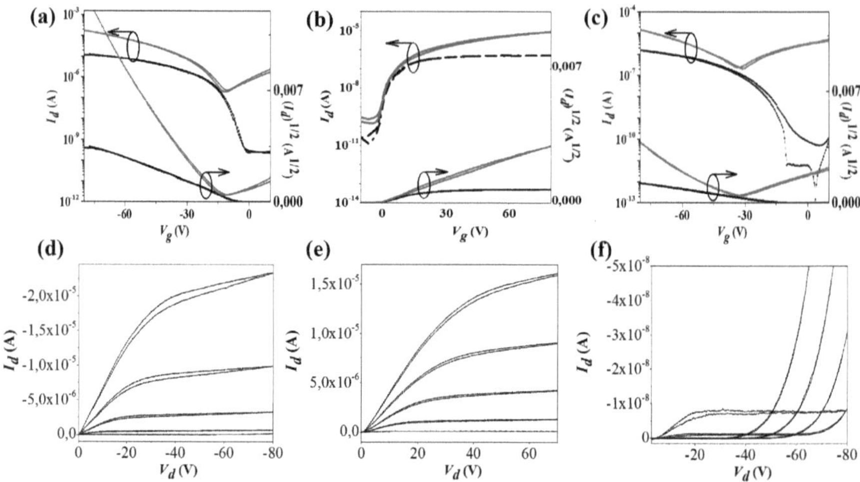

Rysunek 16. Reprezentatywne krzywe charakterystyki transferu i wyjścia dla p- (a, d), n-kanału (b, e) i ambipolarnego (c, f) OFETów. Czerwone krzywe w charakterystyce przenoszenia reprezentują prądy drenarskie w reżimie nasycenia, podczas gdy czarne krzywe reprezentują prądy drenarskie w reżimie liniowym.

Prąd odpływowy i inne główne parametry urządzenia OFET, takie jak ruchliwość nośnika ładunku, napięcie progowe, stosunek prądu włącz/wyłącz, mogą być pobierane zarówno w reżimie liniowym, jak i nasycenia urządzenia. Poniższe równania reprezentują konwencjonalne obliczenia powszechnie stosowane dla prądu drenażowego, ruchomości i pobierania napięcia progowego w obu reżimach odpowiednio:

1)$I_D = \frac{W}{L} C_i \mu (V_G - V_T) V_D$ - liniowy system;

2)$I_D = \frac{W}{2L} C_i \mu (V_G - V_T)^2$ - reżim nasycenia;

gdzie I_D - prąd odpływowy (A); W - szerokość kanału; L - długość kanału; C_i - pojemność dielektryczna bramy na jednostkę powierzchni (F/cm2); μ - ruchliwość nośnika ładunku (cm2/Vs); VG - przyłożone napięcie bramy (V); VT - napięcie progowe (V); VD - napięcie odpływowe (V). Na rys. 17 przedstawiono przykładowe objaśnienie metody obliczania parametrów OFET na podstawie przenoszenia reżimu nasycenia i charakterystyki wyjściowej urządzeń.

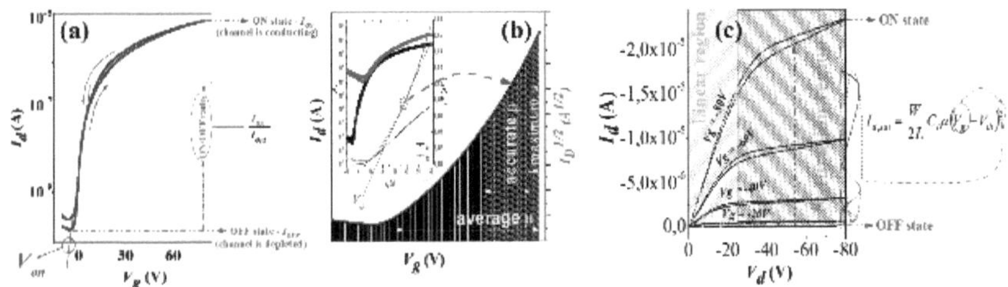

Rysunek 17. Objaśnienie metody obliczania parametrów OFET, w tym współczynnika ON/OFF, napięcia progowego (Vth), ruchliwości nośnika ładunku (μ) z przesyłu (a, b) i wyjściowej (c) charakterystyki w reżimie nasycenia.

Jak wynika z Rys. 17, w celu obliczenia mobilności nośnika ładunku, wykreślono liniowe dopasowanie pierwiastka kwadratowego prądu odpływowego w stosunku do napięcia bramki. W tej tezie wszystkie wartości ruchliwości zostały wyodrębnione w reżimie nasycenia. W celu uzyskania dokładnych i wiarygodnych wartości ruchomości, ekstrakcja odbywa się zazwyczaj w reżimie silnej akumulacji (przy najwyższym nachyleniu bramki), umiarkowanej akumulacji (stosunkowo niskie nachylenie bramki) i akumulacji tygodniowej (najniższe nachylenie bramki). Na rys. 17 wartości mobilności wyodrębnione w tych reżimach określa się odpowiednio jako "maksymalne", "dokładne" i "średnie".

2.4. WNIOSKI

OFET są stosowane jako podstawowe elementy konstrukcyjne w różnych zastosowaniach, takich jak elastyczne wyświetlacze i układy scalone do oświetlenia, czujniki, etykiety RFID, karty inteligentne, oscylatory pierścieniowe, cienkowarstwowe urządzenia pamięciowe, aplikacje E-papieru, wzmacniacze różnicowe, falowniki, dzielniki częstotliwości i wszelkie inne zastosowania, w których układ logiczny jest istotną częścią urządzenia elektronicznego. Mogą one być produkowane przy użyciu różnych struktur i geometrii urządzeń, przetwarzania na bazie brył i rozwiązań, a także z coraz większą liczbą nowych materiałów funkcjonalnych. Mają one duży potencjał, aby być podstawowymi urządzeniami dla przyszłej elastycznej elektroniki w praktycznym zastosowaniu.

REFERENCJE

1] Bao Z.; Locklin J. Organic Field-Effect Transistors, CRC Press, UK, 2007.

[2] Chang J.; Lin Z.; Zhang C.; Hao Y. Różne rodzaje tranzystorów polowych - teoria i zastosowania, rozdział 7 - organiczny tranzystor polowy: Device Physics, Materials, and Process, Rijeka, InTech, 2017.

ROZDZIAŁ 3

WSPÓLNE METODY DOMIESZKOWANIA I DOPINGU DLA ORGANICZNYCH PÓŁPRZEWODNIKÓW

Pomimo ogromnych postępów, jakie osiągnęły OBWE, ich dwie główne wady związane ze stosunkowo niską mobilnością przewoźników i słabą stabilnością w warunkach operacji w powietrzu uniemożliwiają ich szerokie zastosowanie [1-4]. Aby sprostać tym wyzwaniom, w ciągu ostatnich kilkudziesięciu lat przeprowadzono szeroko zakrojone badania i analizy [2].

Regulacja gęstości nośnika ładunku poprzez doping jest jednym z najskuteczniejszych sposobów kontroli i poprawy charakterystyki elektrycznej oraz mobilności nośnika ładunku nowoczesnych materiałów elektronicznych, w tym OSC [5-9]. W przeciwieństwie do domieszkowania półprzewodników nieorganicznych, domieszkowanie półprzewodników organicznych na ogół wprowadza cząsteczki domieszki do błony cząsteczki gospodarza, a nie pojedyncze substytuty atomowe, zwiększając gęstość nośnika ładunku poprzez przeniesienie ładunku pomiędzy domieszką a gospodarzem. W wielu badaniach opracowano nowe domieszki do OB oraz zoptymalizowano morfologię błony OB w celu uzyskania efektywnego transferu ładunku pomiędzy gospodarza i domieszką w różnych platformach urządzeń organicznych. Jednak większość badań koncentruje się na domieszkach typu p, a badania nad domieszkami typu n są stosunkowo rzadkie ze względu na trudności w opracowaniu stabilnych związków dających elektrony dla zwykłych OBWE [10-23].

Istnieją dwie główne konwencjonalne metody przetwarzania domieszek do organicznych półprzewodników: parowanie współbieżne i przetwarzanie roztworów. We współparowaniu, organiczne cząsteczki osnowy i doping są odparowywane termicznie. Metoda ta jest szczególnie odpowiednia dla nierozpuszczalnych lub mniej rozpuszczalnych matryc organicznych, które składają się głównie z materiałów o małych cząsteczkach (oligomerów). Wymaga ona jednak kosztownych maszyn do osadzania i nie jest dobrze przystosowana do polimerowych półprzewodników.

Roztwór przetworzonego dopingu jest natomiast prostą i celową metodą wytwarzania (z ekonomicznego punktu widzenia). Cząsteczki gospodarza i domieszki mogą być powlekane na każdym rodzaju podłoża z roztworu mieszanego lub oddzielnych roztworów, tworząc odpowiednio jedną lub oddzielne warstwy. Ta ostatnia metoda jest stosowana, gdy molekuły żywiciela i domieszki nie są kompatybilne w celu zmieszania ich w jednym rozpuszczalniku [24]. Niektóre domieszki, głównie sole nieorganiczne lub tlenki, nie rozpuszczają się w żadnym rozpuszczalniku organicznym, co uniemożliwia stosowanie ich jako domieszki do polimerów półprzewodnikowych. Inne substancje domieszkujące tworzą agregaty w roztworze po zmieszaniu z cząsteczką gospodarza, co ogranicza efekty domieszkowe, a nawet może spowodować pogorszenie działania urządzenia. Dlatego też dużym wyzwaniem dla materiałoznawców jest znalezienie odpowiednich środków dopingujących do roztworów.

Jako potencjalne domieszki do OBWE badano szeroki zakres materiałów organicznych i nieorganicznych, takich jak sole, sprzężone małe molekuły i polimery, związki metali alkalicznych i tlenki metali [25, 26]. I po raz kolejny, znalezienie wiarygodnych środków dopingujących typu n jest znacznie trudniejsze niż środków dopingujących typu p. Niemniej jednak nieorganiczne środki dopingujące zawierające metale alkaliczne, takie jak sole metali alkalicznych, oraz organiczne środki dopingujące, takie jak kobaltocen, zostały z powodzeniem zastosowane jako środki dopingujące typu n-kanałowego.

3.1. PODSTAWY DOPINGU I WSPÓLNE METODY

Doping rozumiany jest jako wprowadzanie zanieczyszczeń do materiałów gospodarza w celu poprawy i poprawy ich właściwości. Jak już wspomniano, wprowadzenie zanieczyszczeń do folii OSC w celach dopingowych różni się od nieorganicznych półprzewodników, gdzie doping polega po prostu na zastąpieniu jednego z atomów sieci nieorganicznej atomem domieszki, dając dodatkowy elektron lub otwór w sieci gospodarza. Doping w elektronice organicznej nie polega na zastąpieniu atomów materiału żywiciela atomami zanieczyszczeń. Jest to raczej prosty proces przenoszenia ładunku pomiędzy dwoma materiałami, zwany "dawcą" i "akceptantem" [24, 27]...].

Podobnie jak w przypadku elektroniki nieorganicznej, również doping OSC zapewnia materiałowi przyjmującemu dodatkowe elektrony (doping typu n) lub otwory (doping typu p). Ponieważ proces dopingu obejmuje całą cząsteczkę, a nie pojedyncze atomy, osiągnięcie pożądanego typu dopingu dla elektroniki organicznej zależy w dużej mierze od poziomu energii, tj. poziomu HOMO i LUMO macierzy i cząsteczek dopingu [24, 27]. Aby osiągnąć doping typu p, poziom HOMO cząsteczki matrycy organicznej powinien być wyższy niż poziom LUMO środka dopingującego. W tym przypadku cząsteczka dopingu jest określana jako akceptująca, podczas gdy cząsteczka gospodarza jest dawcą. W dopingu typu n dawcą musi być cząsteczka dopingująca. Dlatego jego poziom HOMO powinien być wyższy niż poziom LUMO cząsteczki macierzy, która jest w tym przypadku akceptantem. W zależności od rodzaju dopingu i poziomu energii stosowanych materiałów, możliwe jest nawet stosowanie tego samego dopantu, zarówno jako dawcy, jak i akceptora, dla różnych materiałów żywicielskich, gdy ich poziomy energii są kompatybilne. Istnieje kilka popularnych metod dopingu polimerów organicznych. Są to na przykład doping chemiczny, który jest pierwszym zastosowanym mechanizmem dopingującym, doping elektrochemiczny, doping międzyfazowy, doping fotoindukcyjny itp. W domieszkowaniu chemicznym cząsteczka matrycy organicznej i środek dopingujący mogą być mieszane w roztworze lub odparowywane termicznie. Chociaż doping elektrochemiczny nie jest powszechny w OFETach, istnieją pewne doniesienia na temat OFETów opartych na dielektrykach z bramką elektrolitową, gdzie prawdopodobnie ma miejsce tego rodzaju proces dopingu. Doping międzyfazowy polega na wtryskiwaniu względnych nośników ładunku (otworów lub elektronów), które zależą od polaryzacji napięcia bramki, z metalowych styków do organicznego półprzewodnika. Spośród wszystkich wyżej wymienionych, ostatni mechanizm dopingu, doping fotoindukowany, może być uważany za najbardziej skomplikowaną i czasochłonną metodę dopingu, ponieważ obejmuje on kilka skomplikowanych kroków, takich jak termiczne parowanie, dodatkowe pobudzenie świetlne w celu pobudzenia elektronu do skoku do poziomu znacznie wyższego niż jego energia wiązania, a następnie potrzebny jest jeszcze jeden krok, taki jak wodorek lub inny transfer jonów do cząsteczki dopingu, aby zapobiec powrotowi tego elektronu do poprzedniego stanu energetycznego, ponieważ jest on niższy niż jego stan obecny. Aby dać nieco lepszy wgląd w ten fotoindukowany doping, rysunek 18 znajduje się poniżej.

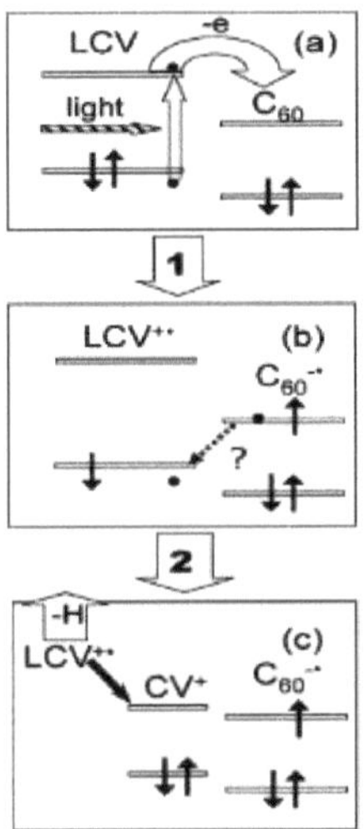

Rysunek 18. Foto-indukowana domieszka typu n C60 za pomocą barwnika organicznego leuko Crystal Violet (LCV). Efekt domieszkowy staje się trwały poprzez pasywację ładunku dodatniego (otworu) pozostawionego w dawnym miejscu elektronu przez przeniesienie wodorku. Źródło: J. Phys. Chem. B 108, 17076 (2004)[28].

Dzięki szeroko zakrojonym badaniom prowadzonym przez naukowców na przestrzeni lat i doniesieniom o osiągnięciach w dziedzinie elektroniki organicznej, doping okazał się najlepszym sposobem na poprawę właściwości elektrycznych, jak również stabilności półprzewodników organicznych. Kluczowe materiały stosowane jako matryce gospodarza w badaniach domieszkowych obejmują szeroki zakres struktur organicznych, od małych cząsteczek takich jak pentacen, po dużą liczbę polimerów takich jak tiofen, NDI- i polimery oparte na DPP. Ponieważ głównym celem pracy nad tą tezą jest doping molekularny OFETów opartych na polimerowych materiałach półprzewodnikowych, skupimy się głównie na makrocząsteczkach. W tym przypadku domieszkowanie jest przede wszystkim procesem mieszania cząsteczek żywiciela i zanieczyszczeń w tym samym lub różnych rozpuszczalnikach.

Do dopingu półprzewodników organicznych od początku badań dopingowych stosowane są różne rodzaje środków dopingujących. Środki te obejmują zarówno struktury organiczne, jak i nieorganiczne. Najczęściej zgłaszane materiały do dopingu p-kanałowego obejmują tetrafluoro-tetracyanochinodimetan (F4-TCNQ), który jest bardzo silny akceptor elektronów, molibdenu, tlenki wanadu i tak dalej. Chociaż doping typu n jest znacznie opóźniony w stosunku do dopingu typu p, materiały nieorganiczne z udziałem metali alkalicznych, sole metali alkalicznych, takich jak fluorek cezu lub węglan cezu, a także materiały organiczne, takie jak kobaltocen, zostały z powodzeniem wykorzystane do tego celu. Niektóre z tych niezwykłych prac i osiągnięć są warte obejrzenia, a zanim przejdziemy do szczegółów dotyczących mechanizmów dopingu i stosowanych materiałów, teza ta zostanie pokrótce omówiona poniżej.

Chuan i wsp. wykazali znaczącą poprawę mobilności, stosunku prądu włączenia/wyłączenia, krystaliczności, wtrysku i niezawodności w polimerze typu n P(NDI2OD-T2) na bazie OFET poprzez domieszkę molekularną. Zastosowali oni P(NDI2OD-T2), znany również jako N2200, który jest sprzężonym polimerem transportującym elektrony o bardzo niskim poziomie leżącego LUMO (około -4,0 eV), co czyni go bardzo odpowiednim do domieszkowania typu n. Dzięki zastosowaniu dwóch różnych klas organicznych i nieorganicznych domieszek, a mianowicie kobaltocenu (CoCp2) i fluorku cezu (CsF), były one w stanie dwukrotnie zwiększyć mobilność FET i prawie czterokrotnie zmniejszyć napięcie progowe. Obie domieszki spowodowały wzrost stężenia nośników, co z kolei wygładziło drogę dla nośników darmowych w wyniku wprowadzenia dodatkowych nośników. Poziom Fermi został skutecznie przesunięty w kierunku poziomu LUMO materiału żywiciela. Co ciekawe, obie domieszki wykazywały tę samą tendencję do zmiany mobilności. Mobilność stale wzrastała poprzez zwiększanie stężenia doplantów, ponieważ znaczna liczba stanów pułapki została wypełniona w wyniku wprowadzenia dodatkowych nośników przez doping. Niemniej jednak, po osiągnięciu pewnego punktu krytycznego, który w tych badaniach wynosił 0,5 % wagowego stężenia doplantów, dodatkowe stężenie nie poprawiło mobilności, ale zmniejszyło ją nawet poniżej wartości wewnętrznej. Zjawisko to zostało przypisane zaburzeniu struktury molekularnej z powodu wprowadzenia zbyt dużej ilości nośników zanieczyszczeń, które w takim przypadku odgrywają również rolę dodatkowych miejsc pułapki. Rys. 19 krótko ilustruje całość badań nad tym procesem dopingu.

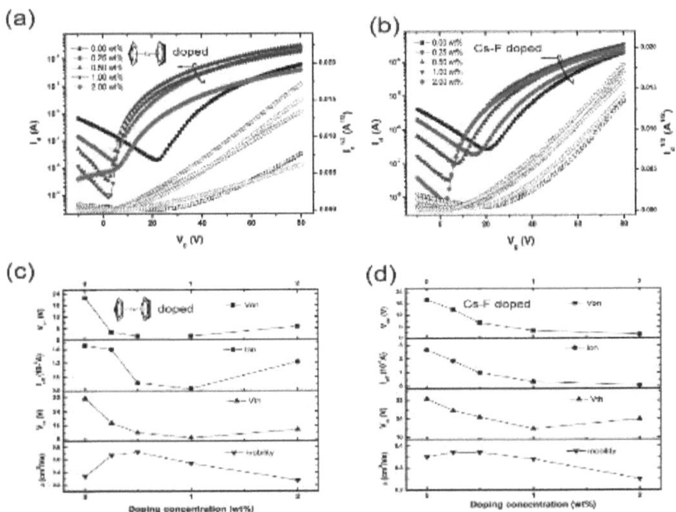

Rysunek 19. Charakterystyka transferu OFET z domieszką różnych stężeń a) CoCp2 i b) CsF; c), d) parametrów wyekstrahowanych FET jako funkcji stężenia domieszkowego. Źródło: Adv. Funkcja. Mater. 25, 758-767 (2015) [25].

Kolejna imponująca praca została wykonana przez Dongyyoon Khima i jego kolegów w 2014 roku. Pokazał on skuteczny sposób kontrolowania polaryzacji transportu ładunków w OFET poprzez selektywny doping molekularny. Poprzez mieszanie niewielkiej ilości dwóch różnych domieszek molekularnych, F4-TCNQ dla dopingu p-kanałowego i CsF dla dopingu n-kanałowego, mógł selektywnie dostroić polaryzację operacyjną iskrobezpiecznego ambipolarnego metanofullerenu [6,6]-fenylo-C61-estru metylowego kwasu masłowego (PCBM) z transportu ambipolarnego do jednobiegunowego, albo elektronowego, albo otworowego w OFETach. Metoda ta jest bardzo skuteczna w przypadku komplementarnych układów scalonych opartych na organicznych półprzewodnikach. Dzięki temu procesowi domieszkowania ten sam materiał organiczny może być domieszkowany na oba sposoby, aby utworzyć połączenie p-n, podobnie jak w elektronice krzemowej. Rysunek 20 przedstawia wyniki tych badań.

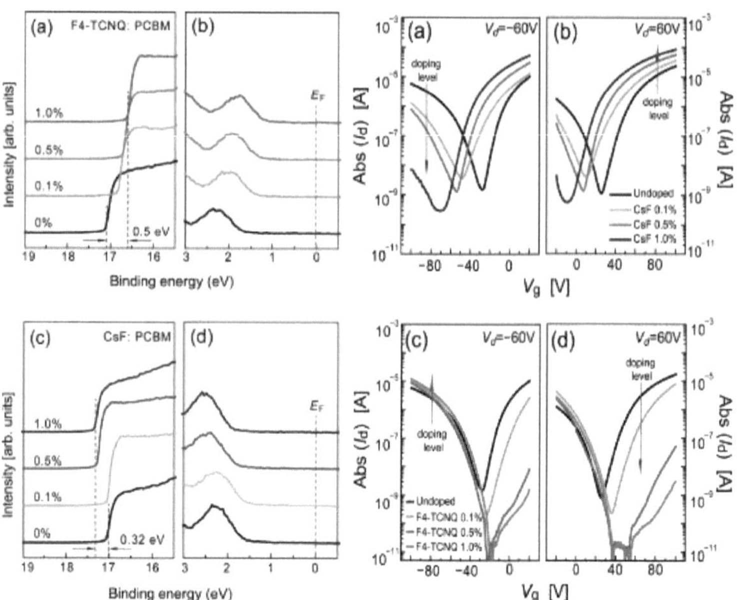

Rysunek 20. Widma UPS folii PCBM z domieszką różnych stężeń a), b) F4-TCNQ i c), d) CsF; oraz charakterystyki przenoszenia OFET o różnych stężeniach a), b) CsF; c), d) F4-TCNQ. Źródło: Adv. Źródło: Adv. Mater. 24, 6252-6261 (2014)[26].

Yuan Zhang i wsp. poprzez zastosowanie n-kanałowej domieszki dekametylo-kobaltocenu (DMC), uzyskali w sprzężonym polimerze poli[2-metoksy-5-(2-etyloheksylooksy)-1,4-fenylenowinylen] (MEH-PPV), który jest z natury rzeczy półprzewodnikiem typu p, ponieważ elektrony są silnie uwięzione w jego szkielecie. Głębokie pułapki w strukturze polimeru zostały skutecznie dezaktywowane (napełnione) przez nośniki indukowane domieszką[28].

Nollau *i wsp.* poinformowali o kontrolowanym domieszkowaniu OSC typu n poprzez ko-sublimację dwóch materiałów półprzewodnikowych: silnego akceptora elektronów i materiału do transportu elektronów, 1,4,5,8-naftaleno-tetrakarboksylowo-diowodorku (NTCDA), jako struktury macierzystej; oraz soli do przenoszenia ładunku, bis(etylenoditio)-tetratiaflwalenu (BEDT-TTF), który sam jest materiałem półprzewodnikowym, jako domieszki[29].

Yabinq Qi i wsp. uzyskali stabilny powietrzem domieszkę typu n z $[RhCp2]_2$ i $[Cp^*Ru(TEB)]_2$ dla polimerowych półprzewodników organicznych, takich jak

P(NDI2OD-T2) oraz półprzewodników organicznych o małych cząsteczkach, takich jak TIPS-pentacena, których gęstość prądu, przewodność i stabilność wzrosła o kilka rzędów wielkości poprzez domieszkę [30].

Wyniki badań Calvina K. Chan i wsp. potwierdziły po raz kolejny, że silne środki redukujące, takie jak CoCp2, są skutecznymi dopalaczami typu n. Ich proces dopingu różnił się nieco od konwencjonalnych metod dopingu roztworami lub koewarowaniem. CoCp2 został włączony jako odparowany domieszka w pojedynczej warstwie uprawianej przez termicznie odparowujący kobaltocen i materiał gospodarza. Ten rodzaj dopingu można określić jako doping gazowy lub parowy. Znaczący wzrost gęstości prądu jest wyraźnie widoczny na Rys. 21.

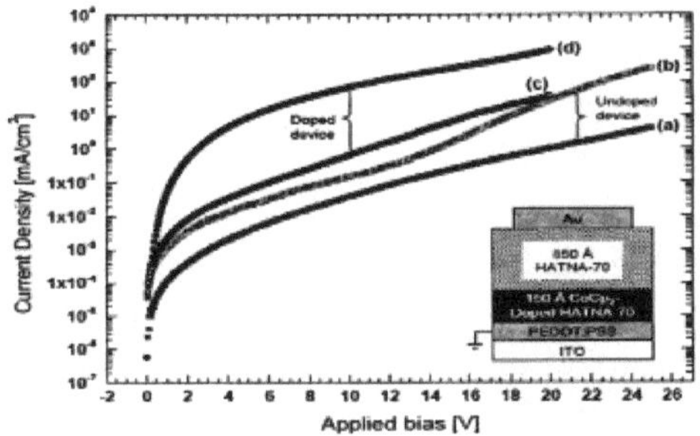

Rysunek 21. Charakterystyka I-V urządzeń z domieszką CoCp2 i nieskazitelnie czystych. Źródło: Chem. Phys. Lett. 431, 67-71 (2006) [31].

Innej grupie naukowców, Selinie Olthof i wsp. , udało się osiągnąć kontrolowaną pasywację stanów ogona akceptującego, które działają jak pułapki ładunkowe, w fullerenie C60 przez ultralowską molekularną n-doping. Poprzez skuteczne wypełnienie pułapek bardzo małą ilością materiału dopingowego, udało się uzyskać zwiększoną przewodność, mobilność i zmniejszenie energii aktywacji. Pozycja fermi i funkcja pracy materiału były również skutecznie kontrolowane przez ten doping [32].

Inną klasą materiałów organicznych, które przez niektóre grupy badawcze (Ansgar Werner i in. oraz Calvin K. Chan i in.) zostały wykorzystane jako molekularne domieszki n-kanałowe [33-37], są barwniki kationowe, które są w zasadzie solami organicznymi. Proces dopingu z udziałem tych barwników organicznych był dotychczas fotoindukowany, co zostało już omówione w części wprowadzającej do podstaw dopingu. Zarówno żywiciel, jak i cząsteczki dopingu zostały termicznie odparowane, tworząc jednolity film. Podczas procesu współwygazowywania, organiczne barwniki dopingowe ulegają utlenieniu i tworzą swoje leuko-podstawy, które działają jako podstawowe środki dopingujące. Głównymi materiałami wykorzystywanymi do badań były niepolimerowe półprzewodniki organiczne, takie jak NTCDA, F16ZnPc, TCNQ, F4-TCNQ i C60, które są bardzo silnymi akceptorami elektronów. Barwniki kationowe zgłoszone jako środki dopingujące typu n poprzez fotoindukcję obejmują Pyroninę B (PyB), Crystal Violet (CV), Acridine Orange (AO), Malachite Green (MG) oraz ich leuko-bazy. N-dopingowe działanie tych kationowych gatunków wynikało tylko z procesu, przez który przechodziły, aby zredukować je do stanu leuko-dawcy elektronów, które zawierają częściowo wypełniony poziom LUMO. Elektrony zostały dodane do cząsteczek gospodarza z tego częściowo wypełnionego LUMO, który w tym przypadku został określony jako pojedynczo zajęty orbital molekularny (SOMO).

3.2. N-TYP DOPING

Jak już wspomniano, w elektronice organicznej istotną rolę w procesie dopingu odgrywają poziomy energii, a mianowicie poziomy HOMO i LUMO zarówno macierzy, jak i cząsteczek dopingu. W dopingu typu n cząsteczka dopingująca odgrywa rolę dawcy, a jej poziom HOMO lub częściowo bądź całkowicie zajęty poziom LUMO powinien być wyższy niż poziom LUMO cząsteczki macierzy, która w tym przypadku jest akceptantem. Rysunek 22 ilustruje proces dopingu typu n w organicznych materiałach półprzewodnikowych.

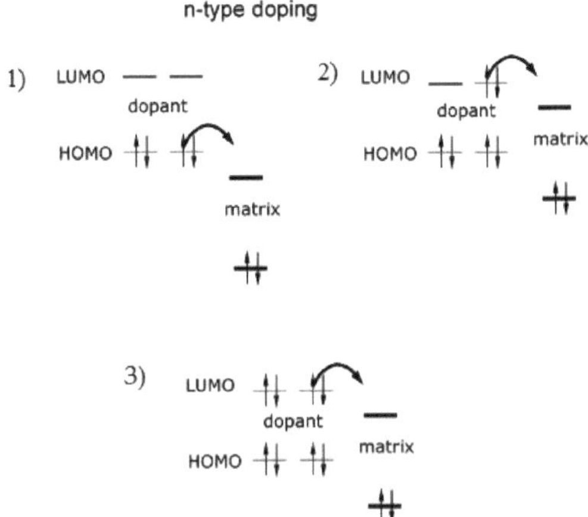

Rysunek 22. Schematyczna ilustracja molekularnych mechanizmów dopingu typu n.

Doping typu N może być również osiągnięty przy użyciu zasad Lewisa, gatunku chemicznego z wypełnioną orbitą, która zawiera niezwiązaną parę elektronów zdolną do tworzenia wiązań z innymi gatunkami poprzez transfer elektronów. Dzięki temu są one dobrymi dawcami elektronów i mogą być stosowane do skutecznego domieszkowania typu N organicznych półprzewodników. Jest to szczególnie skuteczne w przypadku materiałów o wysokim poziomie leżącego LUMO, który w przypadku dopingu typu n wymagałby dopingu z poziomem HOMO leżącym nawet wyżej niż jego LUMO, którego nie można znaleźć. Duża ilość nieorganicznych i organicznych soli redukujących, działających jako podstawy Lewisa, została zastosowana jako skuteczny doping typu n. Należą do nich między innymi fluorek litu (LiF), fluorek sodu (NaF), CoCp2, itp. [31, 38-39].

3.3. P-TYP DOPING

W przypadku dopingu typu p, poziom HOMO cząsteczki matrycy organicznej powinien być wyższy niż poziom LUMO środka dopingującego. W tym przypadku cząsteczka dopingu jest określana jako akceptor, podczas gdy cząsteczka gospodarza jest dawcą. Rysunek 23 ilustruje proces dopingu typu p w organicznych materiałach półprzewodnikowych.

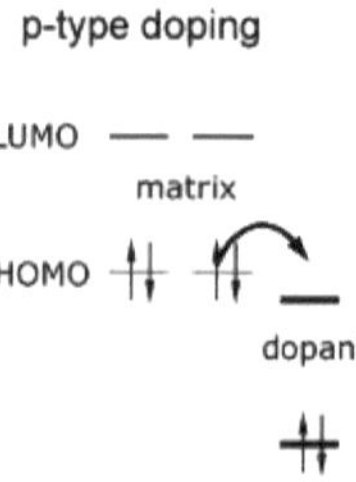

Rysunek 23. Schematyczna ilustracja mechanizmu dopingu molekularnego typu "p".

Doping typu P można również osiągnąć poprzez zastosowanie kwasów Lewisa, gatunku chemicznego o pustym orbicie zdolnego do przyjmowania elektronów. Są one akceptorami elektronów, a efekt tendencji do wycofywania elektronów przez kwasy Lewisa prowadzi do skutecznego dopingu typu P organicznych półprzewodników. W tym celu z powodzeniem zastosowano szereg materiałów, w tym chlorek żelaza (FeCl3) i barwniki kationowe, do p-kanałowego domieszkowania OFET-ów i FET-ów na bazie nanorurek węglowych [40-43]. Jest on szczególnie skuteczny w przypadku materiałów żywicielskich o bardzo niskim poziomie leżącego HOMO, które w przeciwnym razie logicznie rzecz biorąc wymagałyby zastosowania domieszki o bardzo niskim poziomie leżącego LUMO do standardowego dopingu ładunkowo-transferyjnego, co jest prawie niemożliwe do osiągnięcia.

3.4. METODY OCENY I POTWIERDZANIA SKUTECZNOŚCI DOPINGU

Jeśli chodzi o sprawdzanie skuteczności dopingu i potwierdzanie dopingu, poziom Fermi jest kluczowym parametrem do zbadania, ponieważ doping skutecznie może dostroić swoją pozycję, przesuwając ją w kierunku pożądanego poziomu energii (HOMO lub LUMO). W przypadku półprzewodników organicznych, poziom Fermi może być rozumiany jako dostępne stany energetyczne (potencjał chemiczny), które mogą być zajęte przez elektrony. Położenie poziomu Fermiego jest tym, co określa polaryzację materiałów. Jeżeli znajduje się on w pobliżu CB (odpowiednio LUMO), to materiał wykazuje dobre właściwości transportujące elektrony (typ n), jeżeli znajduje się w pobliżu VB (odpowiednio HOMO), to materiał jest dobrym półprzewodnikiem z otworami transportowymi (typ p). W przypadku półprzewodników ambipolarnych poziom ten jest uważany za znajdujący się gdzieś pośrodku szczeliny pasmowej pomiędzy CB i VB. Rys. 24 ilustruje położenie poziomu Fermiego w różnych typach półprzewodników organicznych.

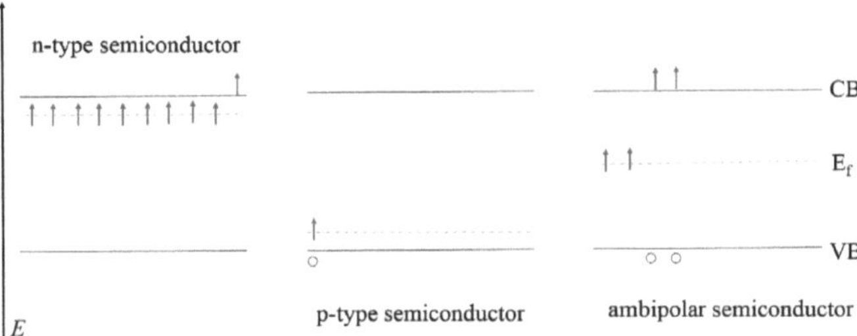

Rysunek 24. Położenia na poziomie Fermiego w półprzewodnikach n-, p- i ambipolarnych.

Określenie pozycji poziomu Fermiego jest powszechnym sposobem badania i szacowania skuteczności dopingu. Wśród innych metod umożliwiających pomiar przewodnictwa elektrycznego w materiałach i badanie poziomu dopingu, spektroskopia fotoelektronowa w ultrafiolecie (UPS) została skutecznie wykorzystana przez naukowców do badania dopingu. Jest to technika o dużej wrażliwości powierzchniowej, wykorzystywana do analizy pozycji maksimum VB (HOMO) i poziomu Fermi. W dopingu typu p, poziom Fermiego przesuwa się w kierunku najniższej połowy (w kierunku HOMO) bandgapu, podczas gdy w dopingu typu n, poziom Fermiego przesuwa się od HOMO bliżej górnej części (w kierunku LUMO). W zależności od zmian w pozytonie poziomu Fermi po dopingu, doping można skutecznie oszacować.

Inną szeroko stosowaną techniką charakteryzacji filmów z domieszką jest rentgenowska spektroskopia fotoelektronowa (XPS). Stosuje się ją do określania poziomu dopingu poprzez charakterystykę charakteru i stężenia gatunków domieszkujących w błonach dopingowych oraz właściwości elektronicznych zarówno materiałów nieskazitelnych, jak i domieszkowanych. Spektra XPS może skutecznie ujawniać chemiczne modyfikacje powierzchni oraz wiązania i rozmieszczenie gatunków domieszkujących w materiałach organicznych domieszkowanych.

Badanie struktury krystalicznej po dopingu jest również dobrą metodą badania dopingu w skali mikrostrukturalnej. Dyfrakcja rentgenowska (XRD) służy do analizy efektów dopingowych na intensywność i pozycje pików XRD (d-spacing) w próbkach z domieszką w porównaniu z próbkami nieskazitelnymi.

Inną atrakcyjną metodą charakterystyki folii z domieszką jest ultrafioletowa spektroskopia absorpcyjna (spektroskopia absorpcyjna UV-vis). Za pomocą tej techniki można skutecznie mierzyć zmiany w szczelinie pasmowej po dopingu, w zależności od zmian w widmach materiałów z domieszką.

3.5. WNIOSKI

W tym rozdziale omówiono doping molekularny OFET za pomocą współrozpuszczalnikowego mieszania i współodparowywania. Do domieszkowania materiałów organicznych mogą być stosowane zarówno materiały organiczne jak i nieorganiczne. Mechanizm dopingu stosowany w elektronice organicznej jest zupełnie inny niż w elektronice nieorganicznej. Właściwości strukturalne i elektryczne, jak również stabilność półprzewodnikowych materiałów organicznych, w tym małych i makrocząsteczek, mogą być znacznie poprawione przez techniki dopingu. Powstałe w ten sposób materiały o ulepszonych właściwościach mogą być stosowane w szerokiej gamie urządzeń elektronicznych, takich jak OLED, OFET, układy scalone typu CMOS, itp. Nadal jednak istnieją pewne kwestie, które powinny zostać wyjaśnione i zrozumiane w dopingu organicznych półprzewodników. Ponadto, mimo że doping poprawia i zwiększa wydajność urządzeń, elektronika organiczna nadal pozostaje w tyle za elektroniką nieorganiczną. Dlatego też należy opracować nowe, mocne i niezawodne środki dopingujące do materiałów organicznych.

REFERENCJE

[1] Baumeier B.; May F.; Lennartz C.; Andrienko D. Challenges for in *Silico* Design of Organic Semiconductors. J. Mater. Chem., 2012, 22, 10971.

[2] Loo Y.-L.; McCulloch I.; Gościnny Redaktor. Progress and Challenges in Commercialization of Organic Electronics. [2]Loo Y.-L.; McCulloch I.; Guest Editors. Biuletyn MRS 2008, 33, 653.

Coropceanu V.; Cornil J.; Da Silva Filho D. A.; Olivier Y.; Silbey R.; Bre´das J.-L. Charge Transport in Organic Semiconductors. Chem. Rev. 2007, 107, 926-952.

Zhou T.-C.; Chen G.; Liao R.-J.; Xu Z. Charge Trapping and Detrapping in Polymeric Materials: Parametry uwięzienia. J. Appl. Phys. 110, 043724 (2011).

Walzer K.; Maennig B.; Pfeiffer M.; Leo K. Highly Efficient Organic Devices based on Electrically Doped Transport Layers. Chem. Rev. 2007, 107, 1233-1271.

[6] Lüssem B.; Riede M.; Leo K. Doping organicznych półprzewodników. Phys. Status Solidi A 210, No. 1 (2013).

[7] Salzmann I.; Heimel G.; Oehzelt M.; Winkler S.; Koch N. Molekularny Doping Elektryczny Organicznych Półprzewodników: Podstawowe mechanizmy i powstające zasady projektowania dopingu. Acc. Chem. Res. 2016, 49, 370-378.

[8] Długi D. X.; Xu Y.; Wei H. X.; Liu C.; Noh Y. Y. Controlling Charge Injection Properties insistor in Polymer Field-Effect Transistor by Incorporation of Solution Processed Molibdenum Trioxide. Phys. Chem. Chem. Chem. Phys., 2015, 17, 20160.

Nugraha M. I.; Kumagai S.; Watanabe S.; Sytnyk M.; Heiss W.; Loi M. A.; Takeya J. Enabling Ambipolar to Heavy n-Type Transport in PbS Quantum Dot Solids through Doping with Organic Molecules. ACS Appl. Mater. Interfejsy 2017, 9, 18039-18045.

Jacobs I. E.; Moule A. J. Controlling Molecular Doping in Organic Semiconductors. [10] Adv. Mater. 2017, 29, 1703063.

[11] Lussem B.; Keum C.-M.; Kasemann D.; Naab B.; Bao Z.; Leo K. Doped Organic Semiconductors. Chem. Rev. 2016, 116, 13714-13751.

[12] Tietze M. L.; Pahner P.; Schmidt K.; Leo K.; Lüssem B. Dopingowane półprzewodniki organiczne: Wypełnienie pułapki, nasycenie zanieczyszczeń i systemy rezerwowe. Adv. Funkcja. Mater. 2015, 25, 2701–2707.

13] Nollau A.; Pfeiffer M.; Fritz T.; Leo K. Controlled N-Type Doping of a Molecular Organic Semiconductor: Dwuwodnik naftalenotetrakarboksylowy (NTCDA) domieszkowany bis(etylenoditio)-tetratiafulwalenem (BEDT-TTF). J. Appl. Phys., Vol. 87, No. 9, 2000, 4340.

[14] Chueh C.-C.; Li C.-Z.; Ding F.; Li Z.; Cernetic N.; Li X.; Jen A. K.-Y. Doping Wszechstronne n-Type organicznych półprzewodników za pomocą pokojowego roztworu temperatury przetwarzalnych domieszek anionowych. ACS Appl. Mater. Interfejsy 2017, 9, 1136-1144.

Oh J. H.; Wei P.; Bao Z. Doping molekularny typu N do powietrznego stabilnego transportu elektronów w próżniowych tranzystorach organicznych N-kanałowych. Appl. Phys. Lett. 97, 243305 (2010).

[16] Qi Y.; Mohapatra S. K.; Kim S. B.; Barlow S.; Marder S. R.; Kahn A. Doping roztworu organicznych półprzewodników przy użyciu stabilnych powietrzem N-dopantów. Stosując Phys. Lett. 100, 083305 (2012).

[17] Liu C.; Jang J.; Xu Y.; Kim H.-J.; Khim D.; Park W.-T.; Noh Y.-Y.; Kim J.-J. Effect of Doping Concentration on Microstructure of Conjugated Polymers and Characteristics in N-Type Polymer Field-Effect Transistors. Adv. Funkcja. Mater. 2015, 25, 758-767.

[18] Park J. Y.; Lee S. B.; Park Y. S.; Park Y. W.; Lee C. H.; Lee J. I.; Shim H. K. Doping Effect of Viologen on Photoconductive Device Made of Poly(p-phenylenevinylene). Appl. Phys. Lett. Vol. 72, No. 22, 1998.

Zuo G.; Li Z.; Andersson O.; Abdalla H.; Wang E.; Kemerink M. Doping molekularny i napełnianie pułapek w organicznych systemach półprzewodnikowych Host-Guest. J. Phys. Chem. C 2017, 121, 7767-7775.

[20] Mendez H.; Heimel G.; Winkler S.; Frisch J.; Opitz A.; Sauer K.; Wegner B.; Oehzelt M.; Rothel C.; Duhm S.; Tobbens D.; Koch N.; Salzmann I. Charge-Transfer Crystallites as Molecular Electrical Dopants. Nat. Gmina. 2015, 6, 8560.

Joo B.; Kim E. G. Controlled Electrical Doping of Organic Semiconductors: a Combined Intra- and Intermolecular Perspective from First Principles. Chemia fizyczna. Chem. Phys., 2016, 18, 17890.

[22] Tan H.-X.; Xu X.-C. Właściwości przewodzące i mechanizmy różnych polimerów domieszkowanych nanorurkami węglowymi/polipirolem 1D Nanorurki hybrydowe. RSC Adv. 2015, 5, 61383.

[23] K. Pradip, Doping w Conjugated Polymers, John Wiley & Sons, 2013; Rozdział 2, str. 30.

I. Salzmann, G. Heimel, M. Oehzelt, S. Winkler, N. Koch, Molekularny Doping Elektryczny Półprzewodników Organicznych: Fundamental Mechanisms and Emerging Dopant Design Rules, Accounts of chemical research, 49 (2016) 370-378.

[25] C. Liu, J. Jang, Y. Xu, H.J. Kim, D. Khim, W.T. Park, Y.Y. Noh, J.J. Kim, Effect of Doping Concentration on Microstructure of Conjugated Polymers and Characteristics in N-Type Polymer Field-Effect Transistors, Advanced Functional Materials, 25 (2015) 758-767.

26] D. Khim, K.J. Baeg, M. Caironi, C. Liu, Y. Xu, D.Y. Kim, Y.Y. Noh, Control of Ambipolar and Unipolar Transport in Organic Transistors by Selective Inkjet-Printed Chemical Doping for High Performance Complementary Circuits, Advanced Functional Materials, 24 (2014) 6252-6261.

27] B. Lüssem, M. Riede, K. Leo, Doping półprzewodników organicznych, physica status solidi (a), 210 (2013) 9-43.

[28] Yuan Zhang, Bert de Boer i Paul W. M. Blom, Phys. Rev. B 81, 085201, 2010.

29] A. Nollau, M. Pfeiffer, T. Fritz, K. Leo, Controlled n-type doping of a molecular organic semiconductor: naphthalenetracarboxylic dianhydride (NTCDA) doping with bis (ethylenedithio)-tetrathiafulvalene (BEDT-TTF), Journal of Applied Physics, 87 (2000) 4340-4343.

Yabing Qi, Swagat K. Mohapatra, Sang Bok Kim, Stephen Barlow, Seth R. Marder i inni, Appl. Phys. Lett. 100, 083305, 2012.

Calvin K. Chan, Fabrice Amy, Qin Zhang, Stephen Barlow, Seth Marder i Antoine Kahn, Chem. Phys. Lett. 431, 67-71, 2006.

[32] Selina Olthof, Shafigh Mehraeen, Swagat K. Mohapatra, Stephen Barlow, Veaceslav Coropceanu, Jean-Luc Bredas, Seth R. Marder i Antoine Kahn, PRL 109, 176601, 2012.

[33] Fenghong Li, Naoki Hayashi, Kazuhiko Seki, Xianjie Liu, Xuan-Dung Dang, Martin Pfeiffer, Ansgar Werner, Kentaro Harada i Karl Leo, J. Appl. Phys. 100, 023716, 2006.

Calvin K. Chan, Eung-Gun Kim, Jean-Luc Bredas i Antoine Kahn, Adv. Funkt. Złomek. 16, 831-837, 2006.

[35] A. G. Werner, F. Li, K. Harada, M. Pfeiffer, T. Fritz i K. Leo, Appl. Phys. Lett., Vol. 82, No 25, 2003.

Ansgar Werner, Fenghong Li, Kentaro Harada, Martin Pfeiffer, Torsten Fritz, Karl Leo i Susanne Machill, Adv. Funkt. Mater., 14, No. 3, 2004.

[37] Fenghong Li, Xianjie Liu, Ansgar Werner, Martin Pfeiffer, ad Karl Leo, J. Phys. Chem. B, 108, 17076-17082, 2004.

[38] Xu Y., Yuan J., Sun J., Zhang Y., Ling X., Wu H., Zhang G., Chen J., Wang Y., Ma W. Szeroko stosowany Doping Molekularny N-Type dla zwiększenia wydajności fotowoltaicznej Wszechpolimerowych Komórek Słonecznych, ACS Appl. Mater. Interfejsy, 2018, 10 (3), 2776-2784.

M amantov G., Marassi R. Molten Salt Chemistry: An Introduction and Selected Applications, Springer Science and Business Media, 1987.

X u Y., Sun H., Shin E.-Y., Lin Y.-F., Li W., Noh Y.-Y. Planar-Processed Polymer Transistors, Adv. Mater. 2016, 28, 8531-8537.

[41] Park N.-H. Thesis "Hetero Structured Single Wall Carbon Nanotubes for Solution-Processed Field-Effect Transistors, 2018, Seoul National University.

[42] G. Huseynova, Y. Xu, B. N. Yawson, E.Y. Shin, M. J. Lee, Y.-Y. Noh, P-Type Doped Ambipolar Polymer Transistors by Direct Charge Transfer

from a Cationic Dye Pyronin B Ferric Chloride, Organic Electronics 39 (2016) 229-235.

43] Puchtler H., Meloan S. N., Spencer M. Current chemical concepts of acids and bases and their application to anionic ("acid") and cationic ("basic") colours, Histochemistry, 82(4):301-6, 1985.

ROZDZIAŁ 4

DOPING NAJNOWOCZEŚNIEJSZYCH SPRZĘŻONYCH POLIMERÓW

W tym rozdziale omówione zostaną dwa różne rodzaje domieszek, domieszka typu p Pyronina B (PyB) i domieszka typu n, w stanie obojętnym benzylowo-wiologicznym (BV0), dla półprzewodników organicznych i ich zastosowanie jako warstw aktywnych w organicznych tranzystorach polowych (OFET). Obie domieszki były stosowane jako niskostężeniowe środki dopingujące dla różnych sprzężonych polimerów w prostym procesie rozpuszczania. PyB aplikowano na ambipolarny polimer półprzewodnikowy, diketopirrolopirrol-3ieno[3,2-b]tiofen (DPPT-TT), co prowadziło do znacznej ruchomości efektu polowego (do 3,5 cm2 V-1 s-1) poprzez optymalizację stosunku domieszkowania i doboru rozpuszczalnika. Urządzenia wykazały również znaczną poprawę współczynnika włączania/wyłączania w wyniku tłumienia transportu n-kanałowego. Natomiast BV0 zredukowano z dichlorku benzylowo-wiologicznego (BVD) i zmieszano z czterema powszechnie stosowanymi roztworami polimerów sprzężonych typu n i ambipolarnych jako domieszkę przekazującą ładunek. Folie z domieszką były stosowane jako warstwy aktywne w kontakcie dolnym z górną bramą (TG/BC) OFET z dielektrykiem polimerowym w celu zbadania wpływu domieszki na ambipolarne i n-kanałowe charakterystyki elektryczne OFET. Mechanizmy dopingujące oraz morfologię folii z domieszką badano za pomocą absorpcji UV-vis-NIR, UPS, XPS, XRD oraz mikroskopii sił atomowych (AFM). Ruchliwość elektronów wyraźnie wzrosła do ~10-1 cm2 V-1 s-1 z ~10-3 cm2V-1s-1 w przypadku BV0 z domieszką (6,7%v/v) ambipolarnego DPPT-TT OFET, natomiast w przypadku BV0 z domieszką (6) zaobserwowano jedynie zmniejszenie prądu wyłączenia.7%v/v) OFET typu n na bazie polimerów o silnym transporcie elektronów, w tym poli[[*N* , *N* 9-bis(2-oktylododecylo)-naftalenu-1,4,5,8-bis(dikarboksyimid)-2,6-diylo]-alt-5,59-(2,29-bitiofen] (P(NDI2OD-T2)), poli{2,5-bis(2-dodecyloheksadecylo)-3,6-di(tiofen-2-ylo)pirolo-[3,4-c]pirolo-1,4(2H,5H)-dione-alt-(E)-1,2-bis(3-cyjanotiofen-2-ylo)eten} (2DPP-2CNTVT) i poli{2,5-bis(7-dodecylofenikozylo)-3,6-di(tiofen-2-yl)pirolo-[3,4-c]pirolo-1,4(2H,5H)-diono-alt-(E)-1,2-bis(3-cyjanotiofen-2-yl)eten (7DPP-2CNTVT). Stosunek obrotów bieżących tych OFET uległ poprawie o co najmniej dwa rzędy wielkości ze względu na tłumienie przewoźników mniejszościowych przez dodanie BV0. Wskazuje to, że efektywność dopingu BV0 była silnie uzależniona od różnic strukturalnych i profili transportowych sprzężonych polimerów gospodarza, jak również od interakcji między ich cząsteczkami a BV0 w procesie dopingu. Widma absorpcji UPS i UV-vis ujawniły skuteczną skuteczność dopingu dla obu domieszek, co zostało potwierdzone również przesunięciem poziomu Fermiego w kierunku odpowiednich orbit molekularnych i czerwonym przesunięciem widma absorpcji. Rys. 25 przedstawia struktury molekularne materiału dopingującego i gospodarza użytego do pracy nad tą tezą.

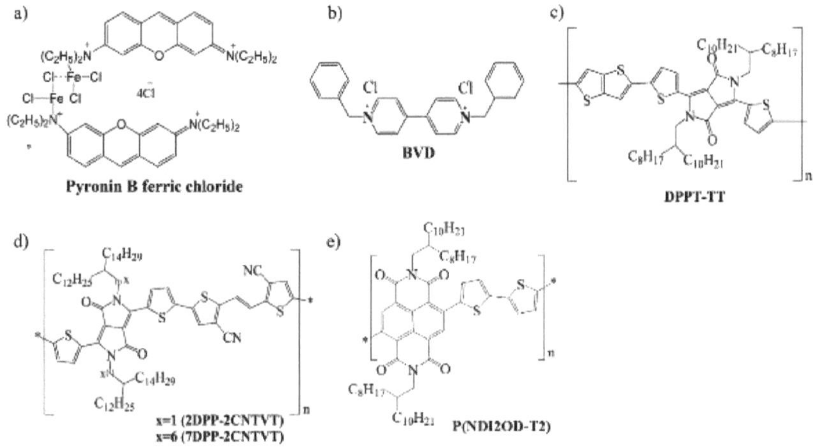

Rysunek 25. Struktura chemiczna prekursorów domieszki a) chlorek żelaza Pyronina B (PyB) i b) dichlorek benzylu i wirusologenu (BVD); półprzewodniki stosowane (c) diketopirrolopirrol-3ieno[3,2-b]tiofen (DPPT-TT), (d) poli{2,5-bis(2-dodecyloheksadecylo)-3,6-di(tiofen-2-ylo)pirolo-[3,4-c]pirolo-1,4(2H,5H)-diono-alt-(E)-1,2-bis(3-cyjanotiofen-2-ylo)eten}. (2DPP-2CNTVT) i poli{2,5-bis(7-dodecylofenikozylo)-3,6-di(tiofen-2-ylo)pirolo-[3,4-c]pirolo-1,4(2H,5H)-diono-alt-(E)-1,2-bis(3-cyjanotiofen-2-yl)eten (7DPP-2CNTVT) *(X w konstrukcjach odnosi się odpowiednio do liczby i pozycji łańcuchów bocznych dodecyloheksadecylu (2DPP-2CNTVT) i dodecylofenikocylu (7DPP-2CNTVT).)*, oraz (e) poli[[*N* , *N* 9-bis(2-oktylododecylo)-naftaleno-1,4,5,8-bis(dikarboksyimid)-2,6-diyl]-alt-5,59-(2,29-tiofen)] (P(NDI2OD-T2)).

4.1. DOPING DPPT-TT Z BARWNIKIEM KATIONOWYM

Wybór rozpuszczalnych struktur organicznych jako domieszki do półprzewodników polimerowych jest najbardziej odpowiednim i wygodnym rozwiązaniem problemów związanych z przetwarzaniem roztworu domieszki. Większość barwników organicznych spełnia ten wymóg, ponieważ większość z nich dobrze rozpuszcza się w wielu powszechnie stosowanych rozpuszczalnikach organicznych. Mimo to, odnotowano, że do domieszkowania półprzewodników organicznych barwnikami organicznymi stosuje się wyłącznie fotoindukowane lub aktywowane termicznie metody domieszkowania n-kanałowego [1-4]. Jak już omówiono w poprzednich rozdziałach, fotoindukowane i aktywowane termicznie doping są skomplikowanymi trzystopniowymi procesami przeniesienia ładunku, które wymagają kilku etapów wytwarzania, takich jak termiczne parowanie i dodatkowe światło do wzbudzenia elektronu w HOMO cząsteczki domieszkującej do własnego LUMO. LUMO domieszki staje się po tym częściowo zajęta i jest określana jako SOMO. Po tym procesie elektron przenosi się z SOMO cząsteczki domieszki do LUMO cząsteczki matrycy, co prowadzi do dopingu typu n.

W naszej pracy, wydajność DPPT-TT opartych na OFETach została poprawiona poprzez niskostężeniowe doping proste roztworu przez organiczny barwnik kationowy, Pyronin B (PyB). OFETy wykazywały znacząco wysoką mobilność efektu polowego (do 3,5 cm2 V-1 s-1) poprzez optymalizację stosunku dopingu i doboru rozpuszczalnika. Urządzenia wykazywały również lepszy współczynnik włączania/wyłączania poprzez tłumienie charakterystyki n-kanałowej. Widma absorpcji UPS i UV-vis wykazały skuteczne domieszkowanie typu p w foliach DPPT-TT z domieszką PyB, co zostało potwierdzone przesunięciem poziomu Fermiego w kierunku HOMO polimeru DPPT-TT.

PyB jest kationowym barwnikiem niepolimerowym i należy do klasy podstawowych barwników ksantenowych, które są solami zasad organicznych. Nazywane są barwnikami kationowymi, ponieważ ich cząsteczki jonizują się w roztworze, powodując, że zabarwiony składnik staje się dodatnio naładowanym rodnikiem. Ten rodnik może reagować z miejscami anionowymi innych cząsteczek, z którymi są mieszane, i działać jako miejsce z niedoborem elektronów, co czyni go idealnym środkiem do dopingu typu p.

4.1.1. 4.1.1. Wyniki i dyskusja

Struktury molekularne DPPT-TT i PyB pokazano na Rys. 25. DPPT-TT jest powszechnie stosowanym ambipolarnym polimerem półprzewodnikowym ze względu na dużą mobilność nośnika ładunku [5, 6]. Kopolimeryzacja bogatych w elektrony jednostek tiofenu jako dawcy i ubogich w elektrony jednostek DPP w strukturze dawca-akceptor umożliwia rozszerzenie LUMO i HOMO na całym szkielecie polimeru o wysokiej planarności ułatwiającej transport wewnątrzcząsteczkowego nośnika ładunku. Interakcja dawczo-akceptorowa pomiędzy sąsiadującymi łańcuchami polimerów może również zmniejszyć odległość układania w stosy$\pi\pi$, umożliwiając efektywne przeskakiwanie wewnątrzcząsteczkowego nośnika ładunku.

Domieszka, chlorek żelazowy PyB, to dwie jednostki funkcyjne C21H27N2OCl zmostkowane z chlorkiem żelazowym i została zgłoszona jako domieszka typu n dla niektórych niepolimerowych i silnych lub umiarkowanych akceptorów elektronów OSC, takich jak C60 i NTCDA, we współwygrzewanych błonach za pomocą foto-indukowanych i aktywowanych termicznie procesów domieszkowych [1-4]. W celu uzyskania DPPT-TT, dodatnio naładowana cząsteczka chlorku żelazowego PyB została rozpuszczona w różnych rozpuszczalnikach organicznych, takich jak etanol, 2-propanol, alkohol izopropylowy, octan etylu oraz mieszanina rozpuszczalników organicznych (składająca się z toluenu (50%), etanolu (15%), octanu butylu (10%), butanolu (10%), 2-etoksyetanolu (8%) i acetonu (7%)). Następnie roztwory barwników zostały zmieszane z 1% (10 mg/ml) roztworem polimeru DPPT-TT w dichlorobenzenie w różnych proporcjach wagowych domieszka:gospodarz: 1:100, 1:50, 1:40, 1:30, 1:20, 1:15, 1:10 i 1:7.

Przygotowane roztwory były następnie podgrzewane na gorącej płycie w temperaturze 80o C przez ponad 24 godziny, aby zapewnić równomierne mieszanie materiałów. W foliach z domieszką, cząsteczki PyB stają się neutralne w wyniku przeniesienia elektronów z DPPT-TT, pozostawiając otwory w polimerze głównym [7, 8].

W celu dokładnego zrozumienia procedury dopingowej i poziomu energii przeprowadzono pomiary UPS dla nieskazitelnie czystych i domieszkowanych PyB folii DPPT-TT o różnych współczynnikach dopingu. Widma UPS dla filmów z domieszką i filmów nieskazitelnie czystych podano na rys. 26.

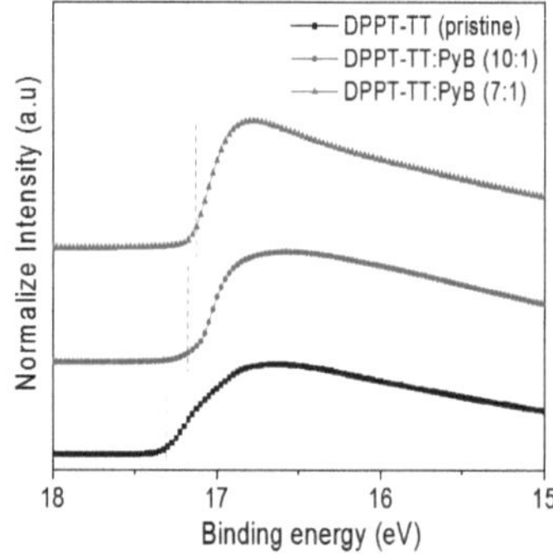

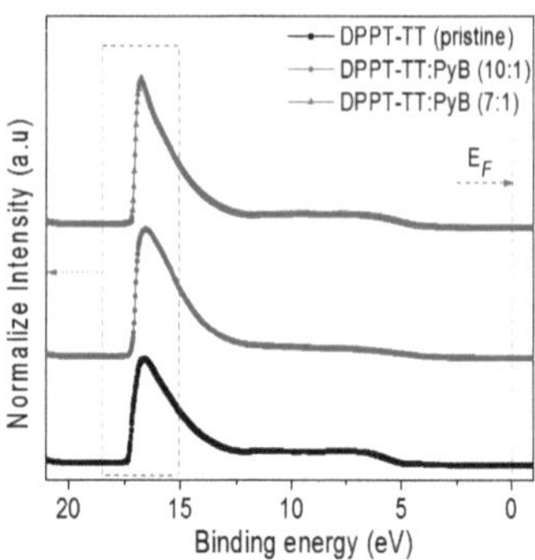

Rysunek 26. Widma UPS nieskazitelnie czystych i domieszkowanych filmów DPPT-TT. Poziom Fermi zmienia się w kierunku HOMO przy różnych stężeniach dopingu.

Poziomy HOMO i LUMO nieskazitelnego DPPT-TT wynosiły -odpowiednio -5,33 i -4,07 eV. Według wcześniejszych badań, PyB ma potencjał redukcyjny podobny do potencjału Pyroniny Y, który wynosi -0,445 V w porównaniu z normalną elektrodą wodorową (NHE) [1, 3, 4]. Natomiast poziom LUMO Pyroniny Y wynosi -4,685 eV, co oblicza się z jej potencjału redukcyjnego według konwencjonalnego wzoru $_{ELUMO}$ = - (Ered + 5,13) eV (5,13 eV to stała (absolutny potencjał elektrody) wartość reprezentująca różnicę potencjałów pomiędzy poziomem energii NHE a poziomem próżni). Tak więc, PyB ma również poziom LUMO około ~ -4,685 eV.

Biorąc pod uwagę poziomy energii i właściwości akceptujące elektrony PyB, oczekuje się efektywnego transferu elektronów z DPPT-TT do PyB dla dopingu p-type. Ten rodzaj dopingu jest osiągany przy użyciu silnego π-elektronu akceptującego gatunki kwasu Lewisa. Zakłada się, że proces przeniesienia ładunku pomiędzy polimerem a PyB będzie następujący:

DPPT-TT0 + PyB+ = DPPT-TT+ + PyB0

Jak wynika z rys. 26, w przypadku folii z domieszką DPPT-TT, poziom Fermi ($_{EF}$) stopniowo przesuwał się w kierunku DPPT-TT HOMO, co wyraźnie wskazuje na zwiększoną gęstość dziur przez domieszkę PyB.

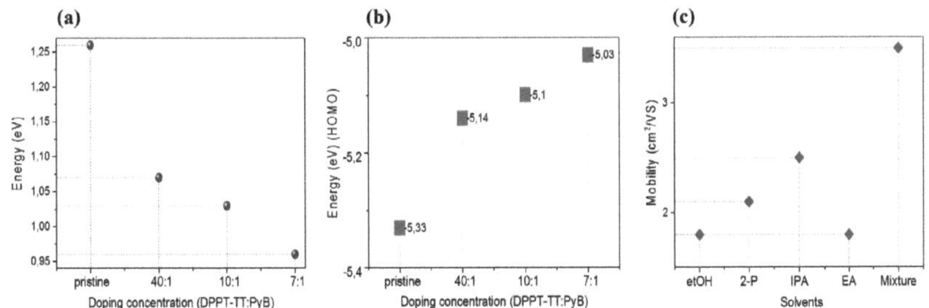

Rysunek 27. (a), (b) Luka międzypasmowa i wartości poziomu HOMO nieskazitelnej i domieszkowanej folii DPPT-TT; (c) wartości ruchliwości domieszkowanej folii DPPT-TT-TET w porównaniu z różnymi rozpuszczalnikami PyB.

W wyniku generacji darmowych nośników przez doping, poziom Fermi przesunął się w kierunku HOMO odpowiednio o 0,19, 0,23 i 0,3 eV dla współczynników dopingu 1:40, 1:10 i 1:7. Wartości przesunięcia poziomu Fermiego i luki w paśmie optycznym obliczono odpowiednio na podstawie widm absorpcji UPS i UV-vis i przedstawiono w tabeli 1 oraz na rys. 27.

Tabela 1. Wyodrębnione najwyższe wartości poziomu HOMO (Highest Occupied Molecular Orbital) i luki w paśmie.

Stężenie dopingu (DPPT-TT:PyB, stosunek masy)	**HOMO (eV)**	**Szczelina optyczna (eV)**
nieskazitelny	–5.33	1.26
40:1	–5.14	1.07
10:1	–5.1	1.03
7:1	–5.03	0.96

W celu zbadania wpływu dodatku domieszki do folii polimerowej żywiciela na mikrostrukturę i właściwości optyczne folii, wykonano pomiary spektroskopowe XRD oraz spektra absorpcji optycznej nieskazitelnych i domieszkowanych cienkich folii DPPT-TT, co pokazano na rys. 28 i 29.

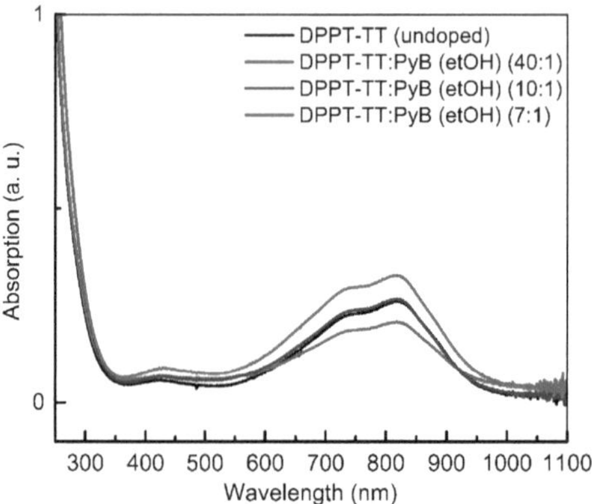

Rysunek 28. Widma absorpcji UV-vis dla nieskazitelnej i domieszkowanej folii DPPT-TT o długości fali do 1100 nm.

Rys. 29 (a) pokazuje, że nieskazitelne i domieszkowane folie DPPT-TT mają ostre i silne piki dyfrakcyjne przy 2θ = 4,5o, co odpowiada orientacji łańcuchów polimeru na krawędzi z 19,6 Å d-spacing. Intensywność pików XRD wzrasta, a pik nieznacznie się rozszerza wraz ze wzrostem stężenia domieszki. Przesunięcie szczytowe jest nieznaczne i w foliach z domieszką nie powstają żadne nowe piki, co oznacza, że w folii DPPT-TT nie nastąpiła żadna znacząca zmiana mikrostruktury w wyniku włączenia domieszki. Pozaplanowe płytkowe natężenie szczytowe nieznacznie spadło przy wysokim stężeniu dopingu. Widma UV-vis pokazują, że nieskazitelne i domieszkowane folie DPPT-TT mają te same widma absorpcji w podobnych pozycjach o nieco różnym natężeniu. Nie wykryto żadnych nowych lub wyraźnych zmian pasma absorpcji w obrębie 300-1000 nm. Ten rodzaj niezmienionych lub nieznacznie zmienionych widm XRD i UV-vis wynika zazwyczaj z niskiego stężenia domieszki, która nie powoduje żadnych zaburzeń lub zmian w strukturze molekularnej gospodarza.

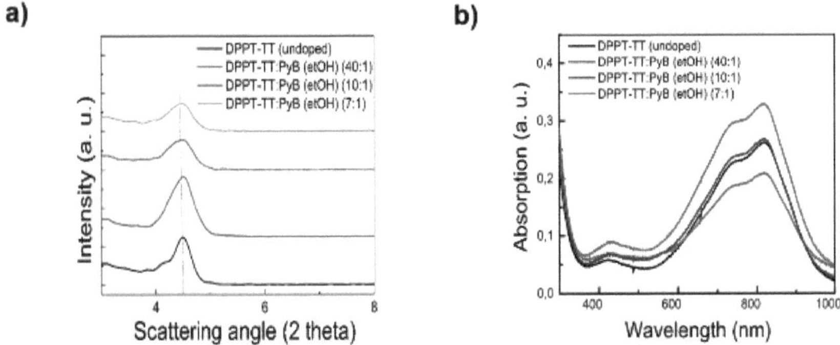

Rysunek 29. Widma XRD a) i absorpcji b) dla nieskazitelnej i domieszkowanej folii DPPT-TT.

Rys. 30 ilustruje charakterystykę transferu i wyjścia OFETów z nieskazitelnie czystym i domieszkowanym DPPT-TT PyB. Jako warstwę dielektryczną bramki zastosowaliśmy strukturę styku schodkowego górnego (TG/BC) z bardzo cienkim źródłem złota i elektrodami drenującymi (13 nm Au na podkładkach Ni 3 nm) wzorzystymi fotolitograficznie i CYTOP. Krzywe przenoszenia nieskazitelnych OFETów wykazywały typową dla mewy morskiej charakterystykę tranzystora ambipolarnego w kształcie skrzydła, o większej ruchliwości typu p, co jest również widoczne w charakterystyce wyjściowej. Natomiast urządzenia z domieszką wykazywały jednobiegunową charakterystykę p-kanałową z dużym spadkiem charakterystyk typu n. Mobilność efektu polowego (μFET) urządzeń z domieszką PyB DPPT-TT OFETs (1:30) została czterokrotnie zwiększona do 2,5 ± 0,1 cm2 V-1s-1 z 0,62 ± 0,05 cm2 V-1s-1 (maksymalnie = 0,8 cm2 V-1s-1) dla urządzeń nieskazitelnych. μFET elektronów w nieskazitelnie czystych i domieszkowanych urządzeniach DPPT-TT wynosił odpowiednio 0,05 i 0,002 (i poniżej) cm2 V-1s-1, co wskazuje, że transport elektronów w domieszkowanej błonie był istotnie tłumiony przez domieszkę PyB. Jest to całkowicie zgodne z wynikami UPS. Ponieważ materiał był domieszkowany typu p, dodatkowe otwory powstałe w procesie domieszkowania zmniejszyły odstęp pomiędzy poziomem Fermi a HOMO, zwiększając tym samym barierę transportu elektronów.

Wydajność urządzenia zmieniła się z nieskazitelnej ambipolarnej na unipolarną, a stosunek prądu włączenia/wyłączenia poprawił się również w domieszkach OFET. Jak pokazano na rycinie 30, nieskazitelne i z domieszką wykazywały współczynnik włączania/wyłączania odpowiednio na poziomie ^{102} i ^{103}. Rezystancje kontaktowe nieskazitelnych urządzeń są zgodne z poprzednio podawanymi wartościami dla DPPT-TT OFETów [9] (patrz tabela 2)].

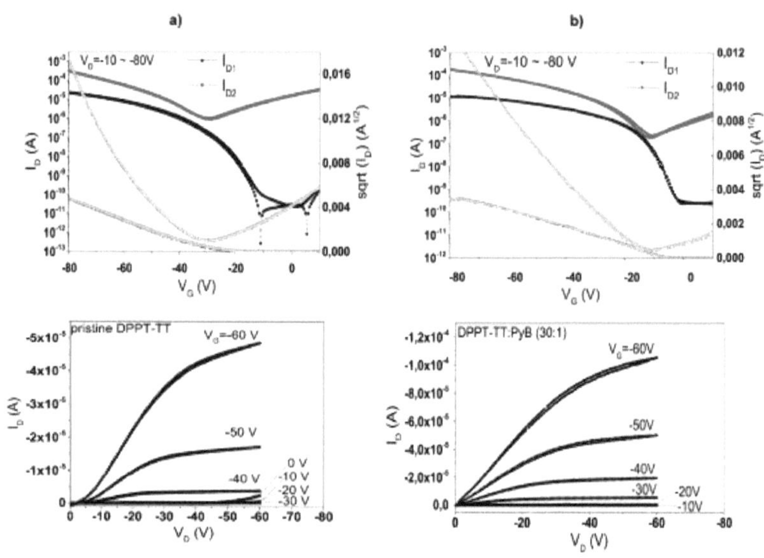

Rysunek 30. Reprezentatywne krzywe przeniesienia i wyjścia dla DPPT-TT OFETÓW: a) nieskazitelna; b) z domieszką PyB (30:1). ID, VD, VG - prąd drenażowy, napięcie drenażowe i napięcie bramki, odpowiednio, oraz ID1, ID2 - prądy drenażowe w reżimie liniowym i nasyceniowym.

Działanie urządzenia wykazało również silną zależność od stopnia domieszkowania i rozpuszczalności PyB w różnych rozpuszczalnikach (rys.27). Najlepsze właściwości tranzystorowe uzyskano przy stosunku dopingu 30:1, gdy PyB był rozpuszczany w octanie etylu, 2-propanolu i alkoholu izopropylowym o stężeniu 2 mg/ml oraz stosunku dopingu 15:1, gdy PyB był rozpuszczany w mieszanym rozpuszczalniku o stężeniu 10 mg/ml. Gdy próbowaliśmy uzyskać stosunek domieszki powyżej 7:1, domieszka doprowadziła do pogorszenia działania urządzenia. Zakładamy, że PyB tworzy agregaty w błonach, a także zaburza strukturę molekularną DPPT-TT w wyższych stężeniach [10]. Zagęszczenie domieszki w błonach potwierdzono pod mikroskopem optycznym w widoku powierzchni błony. Natomiast błony z domieszką w stosunku większym niż 7:1 wykazywały zgrubną topografię nawet gołymi oczami. Charakterystyki przesycenia nieskazitelnie czystych i domieszkowanych urządzeń DPPT-TT o różnych stężeniach domieszki i różnych rozpuszczalnikach podano na rys. 31 w celu porównania.

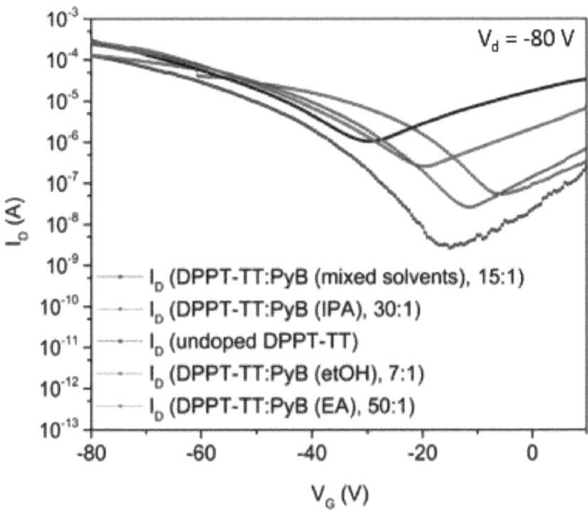

Rysunek 31. Charakterystyka przenoszenia reżimu nasycenia DPPT-TT OFETów domieszkowanych Pyroniną B rozpuszczoną w różnych rozpuszczalnikach i zmieszaną z matrycą w różnych proporcjach wagowych.

Technikę pomiarową XPS wykorzystano również do badania zmian składu i tworzenia wiązań chemicznych w folii DPPT-TT z domieszką barwnika PyB. Rysunek 32 przedstawia widma XPS nieskazitelnie czystych folii DPPT-TT i PyB, a także folii DPPT-TT z domieszką PyB o różnym stosunku wagowym. Obecność O 1s obserwowano zarówno w osnowie polimerowej, jak i w folii domieszkowej przy energii wiązania ≈533.0 eV, a zauważalny wzrost O 1s, czyniąc ją ostrzejszą i wyraźniejszą, zaobserwowano w foliach z domieszką PyB. Pikowa intensywność C 1s dla polimeru i cząsteczki domieszki również ma tendencję do wzrostu w błonach z domieszką PyB. Ponadto, pik O KLL, zidentyfikowany na stronie ≈984 eV tylko w błonie PyB, pojawia się także we wszystkich domieszkowanych błonach polimerowych przy tej samej energii wiązania. Należy również zauważyć, że natężenia szczytowe w foliach z domieszką były znacznie zwiększone w porównaniu z nieskazitelną folią DPPT-TT lub PyB. Zgodnie z oczekiwaniami, piki dla atomów żelaza lub chloru, które są atomami składowymi FeCl4, odgrywającymi rolę składnika pomostowego dla dwóch gatunków kationowych PyB w cząsteczce domieszki, nie pojawiły się w foliach domieszkowanych. Potwierdza to nasze założenie, że sól chlorku żelaza PyB rozkłada się w roztworze na jego kationowe części rodnika PyB i chlorku żelaza, a w procesie domieszkowania bierze udział tylko część kationowa soli organicznej.

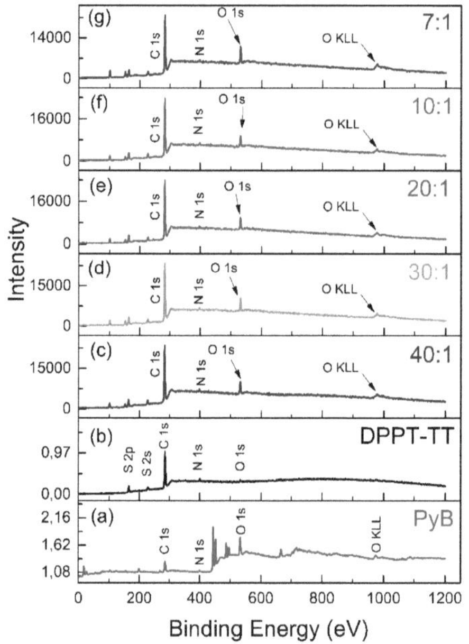

Rysunek 32. Spektroskopia rentgenowska spektroskopii fotoelektronowej: (a) PyB; (b) nieskazitelna folia DPPT-TT oraz (c, d, e, f, g) folie DPPT-TT z domieszką PyB odpowiednio w proporcjach 40:1, 30:1, 20:1, 10:1 i 7:1.

Wypróbowaliśmy również mieszaninę rozpuszczalników organicznych składających się z toluenu (50%), etanolu (15%), octanu butylu (10%), butanolu (10%), 2-etoksyetanolu (8%) i acetonu (7%) w celu rozpuszczenia domieszki. Ta kombinacja rozpuszczalników została uzyskana z dostępnego w handlu rozpuszczalnika wieloskładnikowego oznaczonego numerem 646. Zaskakująco, ta mieszanina rozpuszczalników, składająca się z różnych rozpuszczalników o różnych proporcjach, była najlepszym rozpuszczalnikiem dla chlorku żelazowego PyB (z punktu widzenia właściwości interakcji rozpuszczalnik-roztwór). Chlorek żelazowy PyB został rozpuszczony w tej mieszaninie w stężeniu 10 mg/ml, a następnie roztwór ten zmieszano z DPPT-TT w dichlorobenzenie (DCB) (10 mg/ml) w stosunku wagowym 1:15. W tym przypadku ruchliwość otworu osiągnęła maksymalną wartość 3,5 cm2 V-1s-1. Według naszej najlepszej wiedzy, jest to jedna z najwyższych wartości ruchomości otworu dla polimeru DPPT-TT [9].

Zwiększenie stężenia domieszki nie miało istotnego wpływu na przewodnictwo, a dalsze zwiększenie doprowadziło do degradacji wydajności (ruchliwość otworu zmniejszyła się do 0,03 cm2 V-1s-1 przy proporcji domieszki 5:1 (DPPT-TT:PyB)), co jest oczekiwane, ponieważ struktura cząsteczek osnowy może być silnie zaburzona przez cząsteczki domieszki [1]0]. Parametry tranzystora podsumowano w tabeli 2.

Tabela 2. Parametry tranzystorowe dla różnych współczynników domieszkowania i rozpuszczalników domieszkowych.

Dopant	**Stężenie dopingu (DPPT-TT:PyB)**	**Mobilność** (cm2 V-1 s-1)	**Napięcie progowe (V)**	**Współczynnik prądu włączenia/ wyłączenia**	**Odporność na kontakt (Ω·cm)**
Nieskazite lny	–	0.62	–18.3	3.0 × ^{102}	2.96 × ^{104}
Pyronina B (0,5 mg/ml, EtOH)	40:1	1.4	–34.1	7.35 × ^{103}	2.8 × ^{103}
	30:1	1.48	-31.9	2.0 × ^{103}	7.3 × ^{103}
	20:1	1.2	–39.7	3.35 × ^{103}	7.93 × ^{103}
	10:1	1.16	–33.2	4.63 × ^{102}	2.45 × ^{104}
	7:1	1.8	–32.9	2.18 × ^{100}	1.13 × ^{104}
Pyronina B (2 mg/ml, EA)	30:1	1.8	–28.2	3.12 × ^{102}	7.13 × ^{102}
	50:1	1.3	–31.2	3.2 × ^{102}	2.78 × ^{103}
	100:1	1.2	–28.9	2.15 × ^{103}	1.41 × ^{102}
Pyronina B (2 mg/ml, 2-P)	30:1	2.1	–37.6	3.72 × ^{102}	2.43 × ^{103}
Pyronina B (2 mg/ml, IPA)	30:1	2.5	–38.1	2.24 × ^{102}	4.13 × ^{103}
Pyronina B (10 mg/ml, rozpuszczalnik mieszany)	15:1	3.5	–35.9	1.1 × ^{103}	2.48 × ^{102}

Nasze wyniki pokazują, że główne właściwości elektryczne OFET, takie jak ruchliwość, napięcie progowe i stosunek prądu włącz/wyłącz mogą być kontrolowane za pomocą organicznego barwnika, PyB jako środka dopingującego i te główne parametry, jak zwykle, zależą od stężenia domieszki. Współczynnik włączania/wyłączania znacznie wzrósł przy użyciu PyB jako środka dopingującego, a ujemna Vth wskazuje, że w kanale dominuje transport otworowy (patrz Tabela 2). Tak więc PyB, mając kation w swojej cząsteczce i niższy poziom energetyczny, łatwo utlenia cząsteczkę gospodarza po zmieszaniu z nią, a następnie ulega redukcji, zapewniając strukturze gospodarza wolne ruchome otwory. Chociaż PyB jest barwnikiem organicznym, może poprawić właściwości elektryczne półprzewodników organicznych, nie zwiększa ich stabilności w warunkach otoczenia, ponieważ same barwniki organiczne nie są związkami stabilnymi dla powietrza. Większość z nich, w tym PyB, łatwo ulega utlenieniu pod wpływem powietrza lub światła dziennego. Dlatego też efekty dopingu zmniejszyły się prawie do zera, gdy sprawdzono stabilność powietrzną urządzeń z domieszką. Wierzymy, że efekty dopingowe i stabilność urządzeń można by poprawić stosując odpowiednią enkapsulację.

4.2. DOPING DPPT-TT, P(NDI2OD-T2), 2DPP-2CNTVT I 7DPP-2CNTVT Z DODATKIEM VIOLOGENU

W trakcie tej pracy badano również strukturę wiologenową dla polimerów sprzężonych z domieszką. W tym celu z dichlorku benzylo-wiologenu (BVD) zredukowano BV0 i zmieszano go z czterema powszechnie stosowanymi polimerami sprzężonymi typu n i ambipolarnymi, a mianowicie z DPPT-TT, P(NDI2OD-T2), 2DPP-2CNTVT i 7DPP-2CNTVT jako domieszką wspomagającą przenoszenie ładunku.

Rysunek 25 (b) pokazuje, że prekursor domieszkowy, BVD, składa się z dwóch anionów chloru i dodatnio naładowanej cząsteczki organicznej zawierającej dwa kationy azotu. Jako domieszkę typu n wybrano BV0, ponieważ wykazuje on silne właściwości donoszenia elektronów pochodzących z jednostki wiologenowej ze względu na niskie potencjały redukcyjne i bogatą w redoks naturę [11, 12-16]. Różne pochodne wiologenu były wcześniej zgłaszane jako środki dopingujące do nanorurek węglowych, płatków MoS2 i błon kwantowych w kropkach PbS [11, 15, 16]. Yu *i wsp.* stosowali również wiologen benzylowy do dostrajania dwuwarstwowej luki w pasmie grafenu za pomocą powierzchniowego domieszkowania chemicznego [13]. B. Bröker i wsp.

zastosowali związek wiologenowy, obojętny 1,1'-dimetylo-[4,4']bipirydinyliden ((di-)metylowy wiologen (MV0)) do redukcji barier wtrysku elektronów pomiędzy złotymi elektrodami i organicznymi materiałami transportującymi elektrony poprzez transfer elektronów z cząsteczki MV0 do metalu [17]. Związki wiolenowe, w tym benzylowe, przechodzą zwykle trzy stany redukcji w reakcjach redoks, tworząc w roztworze związki o różnym zabarwieniu [15, 18]. Początkowy energetycznie stabilny kation (V2+) jest bezbarwny, podczas gdy forma zredukowana z pojedynczych elektronów (kation monorodnikowy, V+) jest intensywnie fioletowa, a trzeci stan zredukowany (neutralny V0) jest żółty. Chociaż oba ostatnie stany łatwo przenoszą swoje elektrony, to stan neutralny jest najbardziej reaktywny i silniejszy redukcyjny niż kationy mono, ze względu na niższy potencjał redukcyjny [19-21]. Wiologen benzylowy ma najniższy potencjał redukcyjny spośród wszystkich wiologenów [16]. Poprzednie badania wykazały, że potencjały redukcyjne benzylowego viologenu mieszczą się w zakresie od -0,33 do -0,79 V w stosunku do standardowej elektrody wodorowej (SHE) dla stanów V2+, V+ i V0, odpowiednio [16]. Aby użyć BVD jako prekursora domieszki do celów dopingowych, zredukowaliśmy go zgodnie z wcześniej opisanymi metodami, aby uzyskać neutralny stan dawania elektronu z formy dykcyjnej [15] (szczegóły patrz część doświadczalna).

4.2.1. 4.2.1. Wyniki i dyskusja

Zastosowaliśmy cztery różne akceptory dawców typu DPP i polimery sprzężone na bazie NDI jako materiały macierzyste: DPPT-TT, 2DPP-2CNTVT 7DPP-2CNTVT i P(NDI2OD-T2), o strukturze chemicznej pokazanej na rycinie 25. Polimery te na ogół wykazywały niezrównoważony transport ambipolarny z dużymi różnicami w stosunku ruchomości otworu do elektronu w oparciu o ich podstawowe jednostki szkieletowe [10, 22, 23]. P(NDI2OD-T2) jest szeroko stosowany do transportu elektronów i charakteryzuje się silną ruchomością elektronów, ale słabą ruchomością otworu [10, 24]. 2DPP-2CNTVT i 7DPP-2CNTVT zostały zgłoszone jako polimery z dominacją elektronów ze względu na wbudowanie grupy nitrylowej w szkielet polimeru, wykazujące ruchliwość elektronów odpowiednio na poziomie 0,5 i 0,6 cm2V1s1 [23]. Dla tych trzech dominujących polimerów ambipolarnych typu n ruchliwość elektronów była prawie o dwa rzędy wielkości większa niż ruchliwość otworu, natomiast DPPT-TT ma co najmniej o rząd wielkości większą ruchliwość otworu niż ruchliwość elektronów.

Poziomy HOMO i LUMO dla DPPT-TT, P(NDI2OD-T2), 2DPP-2CNTVT i 7DPP-2CNTVT wynoszą odpowiednio -5,33, -5,6, -5,49, -5,40 eV; oraz -4,07, -

4,0, -4,18, -4,10 eV [10, 22-26]. Kilka grup skorelowało poziomy energii HOMO i LUMO z elektrochemicznymi potencjałami utleniania i redukcji [27-30] i wyprowadziło liniową zależność pomiędzy potencjałem redukcji (ER) (w V) oszacowanym w odniesieniu do SHE, a energiami orbitalnymi LUMO (ELUMO) (w eV),

$$ELUMO = -(ER + 4.44)\ eV. \quad (1)$$

W związku z tym, energia LUMO wiologenu benzylowego zredukowana do stanu neutralnego (V0) (poprzez zaludnienie LUMO V2+) została oszacowana na około -3,65 eV z jego potencjału redukcyjnego (-0,79 V) w odniesieniu do SHE. Z drugiej strony, zgodnie z tą samą zależnością pomiędzy poziomami energii LUMO a potencjałem redukcyjnym materiałów, potencjały redukcyjne DPPT-TT, P(NDI2OD-T2), 2DPP-2CNTVT i 7DPP-2CNTVT powinny wynosić odpowiednio około -0,37, -0,44, -0,26 i -0,34 V (w stosunku do SHE). Bardziej negatywny potencjał redukcyjny benzylowego wiologenu zredukowanego do stanu neutralnego (V0) (-0,79 V w odniesieniu do SHE), zwiększa jego tendencję do redukcji polimerów, ponieważ wykazują one większe powinowactwo do elektronów i tendencję do redukcji w porównaniu z BV0.

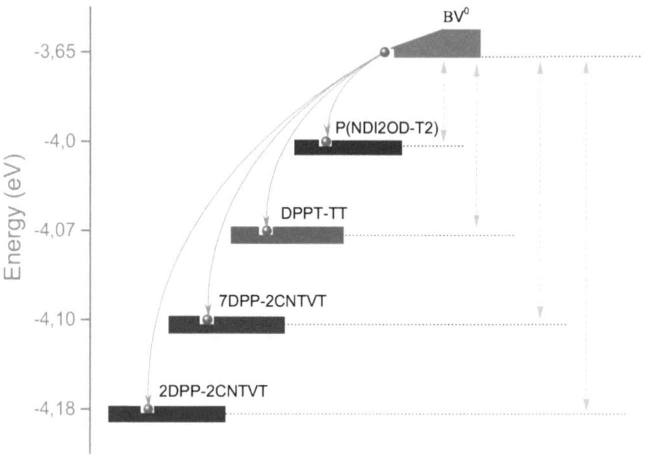

Rysunek 33. Wykres energetyczny dopalacza: BV0; i polimerów: DPPT-TT, P(NDI2OD-T2), 2DPP-2CNTVT, i 7DPP-2CNTVT.

Biorąc pod uwagę poziom energii i efektywny charakter dawstwa elektronów w cząsteczkach wirusologicznych zredukowanych do ich neutralnych form [15] (z wypełnionym LUMO), możemy spodziewać się transferu elektronów z BV0 do tych materiałów dla dopingu typu n poprzez reakcję redoks, gdzie neutralny wirus benzylowy (V0) jonizuje do swojej energetycznie stabilnej formy dykcyjnej (V2+) poprzez dawkowanie dwóch elektronów do polimerów gospodarza. Należy również zauważyć, że chociaż uważamy, że stan neutralny benzylowego viologenu (V0) przeniósł oba jego dostępne dwa elektrony do polimerów, aby utworzyć jego najbardziej stabilną energetycznie formę (V2+), biorąc pod uwagę jego łatwość i spontaniczność oddawania elektronów [15], przyznajemy również, że monokation benzylowego viologenu (V+) mógł również tworzyć się podczas dopingu i odpowiednio, tylko jeden elektron został oddany przez dopanta. Chociaż, biorąc pod uwagę metastabilną naturę tego monokationu i wcześniejsze doniesienia, mamy tendencję do przypuszczania, że został on ostatecznie utleniony do (V2+) w końcowych domieszkowanych błonach polimerowych.

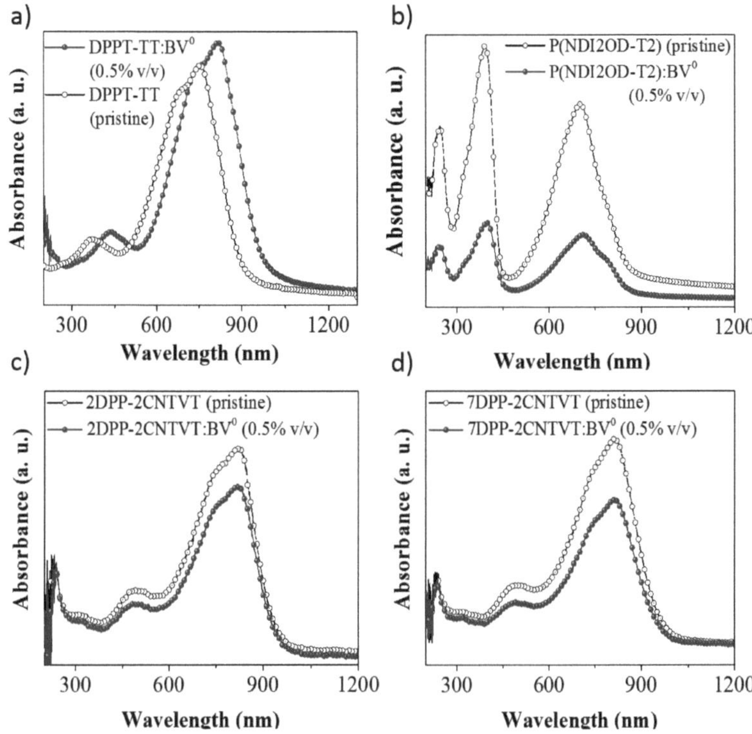

Rysunek 34. Widma absorpcji UV-vis-NIR nieskazitelnej (puste okręgi) i z domieszką (okręgi wypełnione) (% objętości, %v/v): a) DPPT-TT, b) P(NDI2OD-T2), c) 2DPP-2CNTVT, oraz d) 7DPP-2CNTVT.

Rysunek 34 przedstawia widma UV-vis-NIR nieskazitelnych i domieszkowanych BV0 folii polimerowych. Folia DPPT-TT wykazuje znaczne przesunięcie w kierunku czerwonym przy stężeniu dopingu 0,5%v/v. Zmiana punktu nastawienia widma absorpcji wskazuje, że optyczna szczelina pasmowa DPPT-TT została zmieniona z 1,36 eV dla folii nieskazitelnej na 1,26 eV dla folii z domieszką 0,5%v/v [31-33]. Luka pasmowa filmu z domieszką P(NDI2OD-T2) 0,5%v/v również uległa zmniejszeniu z 1,34 eV do 1,25 eV. Chociaż w przypadku folii 2DPP-2CNTVT i 7DPP-2CNTVT w porównaniu z DPPT-TT i P(NDI2OD-T2) zaobserwowano niewielkie przesunięcia szczytowe chłonności (0,04-0,05 eV), to w przypadku folii z domieszką BV0 o tej samej grubości zaobserwowano duże zmniejszenie intensywności chłonności. Te niewielkie zmiany głównych pasm absorpcji wynikają głównie z dopingu niskostężeniowego.

Czas pomiaru absorbancji UV-vis-NIR w zakresie długości fali od 200 do 1200 nm dla jednej próbki wynosił 3 minuty. Ponieważ badanie to zostało przeprowadzone w warunkach otoczenia, w celu sprawdzenia, czy istnieje możliwość wywołanego powietrzem rozkładu lub degradacji materiałów w ramach tego 3-minutowego pomiaru, dwukrotnie po pierwszym pomiarze ponownie sprawdziliśmy absorpcję promieniowania UV tych samych dopingowanych folii, utrzymując je w powietrzu przez kolejne 3 minuty na potrzeby drugiej kontroli, a następnie przez 1 godzinę ekspozycji na powietrze na potrzeby trzeciej kontroli. Widać to na rys. 35, chociaż widma absorpcji folii wykazują zmiany wywołane powietrzem po 1 godzinie ekspozycji na powietrze (zmiany te są raczej niewielkie w przypadku DPPT-TT i P(NDI2OD-T2) w porównaniu z 2DPP-2CNTVT i 7DPP-2CNTVT), nie było oczywistych zmian w widmach folii po trzymaniu ich w powietrzu przez kolejne 3 minuty (łącznie 6 minut wraz z pierwszym pomiarem).

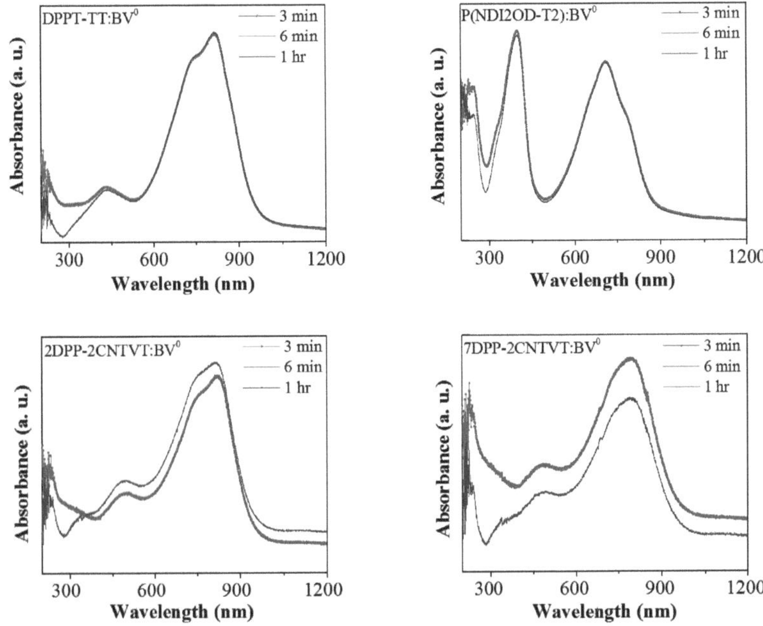

Rysunek 35. Widma UV-vis-NIR filmów z domieszką BV0 przed i po trzymaniu ich w powietrzu przez 3, 6 minut i 1 godzinę.

Tabela 3 przedstawia optyczną szczelinę międzypasmową i energię Fermiego dla wszystkich polimerów nieskazitelnych i domieszkowanych, obliczoną na podstawie widm UV-vis-NIR i UPS, weryfikując zmniejszenie szczeliny międzypasmowej i przesunięcie energii Fermiego w foliach domieszkowanych.

Wartości szczeliny optycznej dla polimerów nieskazitelnych i domieszkowanych obliczono na podstawie widm UV-vis-NIR przy użyciu

$$\alpha hv = B(hv - {}_{Eg})^n$$

gdzie α jest współczynnikiem krawędzi pochłaniania, *B* jest stałą zaburzenia, która zależy od prawdopodobieństwa przejścia elektronicznego i jest niezależna od energii fotonu, *h* jest stałą Plancka, *hv* jest energią padającego fotonu, $_{Eg}$ jest szczeliną energetyczną pomiędzy walencją i pasmami przewodzenia, a wykładnik *n* jest parametrem, który zależy od rodzaju przejścia elektronicznego odpowiedzialnego za pochłanianie. Wskaźnik E_g został wyprowadzony z zależności $(\alpha h\nu)^2$ i $(h\nu)$ w zakresie wysokiej i niskiej absorpcji.

Tabela 3. Obliczona energia szczeliny pasmowej i przesunięcie energii Fermiego dla polimerów

<table>
<tr><th>Materiał</th><th>Szczelina optyczna (eV)</th><th>Przesunięcie energii Fermi w kierunku LUMO (eV)</th></tr>
<tr><td>DPPT-TT (nieskazitelny)</td><td>1.36</td><td rowspan="2">0.24</td></tr>
<tr><td>DPPT-TT (BV0 z domieszką)</td><td>1.26</td></tr>
<tr><td>P(NDI2OD-T2) (nieskazitelny)</td><td>1.34</td><td rowspan="2">0.87</td></tr>
<tr><td>P(NDI2OD-T2) (BV0 z domieszką)</td><td>1.25</td></tr>
<tr><td>2DPP-2CNTVT (nieskazitelny)</td><td>1.11</td><td rowspan="2">0.38</td></tr>
<tr><td>2DPP-2CNTVT (BV0 z domieszką)</td><td>1.07</td></tr>
<tr><td>7DPP-2CNTVT (nieskazitelny)</td><td>1.12</td><td rowspan="2">0.16</td></tr>
<tr><td>7DPP-2CNTVT (BV0 z domieszką)</td><td>1.07</td></tr>
</table>

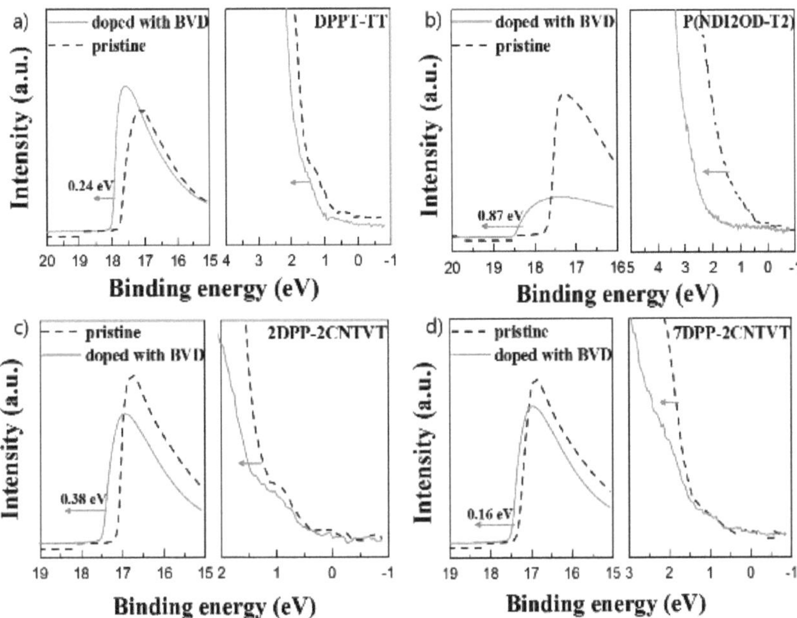

Rysunek 36. Spektroskopia ultrafioletowa fotoelektronowa (UPS) widma nieskazitelnych (linie przerywane) i domieszkowanych (linie stałe) folii polimerowych. Energie fermi przesuwają się w kierunku najniższego niezamieszkanego orbitala molekularnego (LUMO) w foliach z domieszką.

Rysunek 36 przedstawia efekty domieszkowe BV0 na poziomie energii Fermiego polimeru gospodarza mierzone spektroskopią fotoelektronową w ultrafiolecie (UPS). Energia Fermiego stopniowo przesuwała się w kierunku poziomów LUMO dla DPPT-TT, P(NDI2OD-T2), 2DPP-2CNTVT i 7DPP-2CNTVT odpowiednio o 0,24, 0,87, 0,38 i 0,16 eV (patrz Tabela 3), co implikuje domieszkowanie typu n [34]. Gęstość elektronów w polimerach nieskazitelnych i domieszkowanych (przy 0,5%v/v) uzyskano na podstawie konwencjonalnych równań na stężenie nośnika wewnętrznego w stanie równowagi termicznej,

$$n_i = (N_C N_V)^{0.5} \exp[-(E_g/2kT)], \quad (2)$$

gdzie *NC* i N_V są odpowiednio gęstością stanów LUMO i HOMO; E_g jest szczeliną pasmową; *k* jest stałą Boltzmanna; a *T* jest temperaturą bezwzględną.

Stąd też stężenie elektronów po domieszce typu n wynosi: Ig jest szczeliną pasmową, k jest stałą Boltzmanna, a T jest temperaturą bezwzględną.

$$N_d = n_i \exp[(E_f - E_{fi})/kT], \quad (3)$$

gdzie *Ef* i *Efi* są odpowiednio przesuniętymi i wewnętrznymi energiami Fermi. Tabela 1 przedstawia obliczoną gęstość nośnika ładunku i energie Fermiego.

Aby mieć lepsze pojęcie o skuteczności domieszkowania, przeliczyliśmy również stężenie BV0 w foliach polimerowych na stosunek molowy (MR), który odpowiada liczbie cząsteczek domieszkujących na monomer oraz odpowiednio obliczono zależność między przesunięciem napięcia progowego a wartościami zmiany stężenia elektronów. Informacje na temat wymienionych wartości podano w tabelach 4 i 6.

Tabela 4. Energia fermi i stężenie elektronów w polimerach nieskazitelnych i domieszkowanych (0,5%v/v) oraz współczynniki domieszkowania molowego i wartości zmiany gęstości elektronów w domieszkowanych warstwach polimerowych.

Warstwa aktywna	**Fermi energy (eV)**	**Stężenie elektronów (cm-3)**	**Współczynnik dopingu (MR, mol%)**	**ΔQ** (cm-3)
DPPT-TT (nieskazitelny)	4.92	4.9×10^{6}		
DPPT-TT (z domieszką)	4.68	5.4×10^{10}	≈ 0.06	4.05x1011
P(NDI2OD-T2) (nieskazitelny)	5.15	4.3×10^{7}		
P(NDI2OD-T2) (z domieszką)	4.28	1.9×10^{16}	≈ 0.06	4.15x1011
2DPP-2CNTVT (nieskazitelny)	4.91	5.2×10^{8}		
2DPP-2CNTVT (z domieszką)	4.53	1.3×10^{15}	≈ 0.08	6.59x1010
7DPP-2CNTVT (nieskazitelny)	4.6	3.8×10^{12}		
7DPP-2CNTVT (z domieszką)	4.44	1.9×10^{15}	≈ 0.09	2.10x1011

Obliczenia te dostarczają wielu spostrzeżeń na temat transportu ładunków z dopingiem. Przesunięcie energii Fermi podąża za statystyką Fermi-Dirac, dlatego też stężenie elektronów może być odpowiednio obliczone, jeśli na przykład energia Fermi jest określona przez pomiary UPS. Powyższe obliczenia nie odzwierciedlają jednak pułapki elektronów samoistnych rozmieszczonych w szczelinie pasma. Duża gęstość stanu szczeliny może znacząco spowolnić przesunięcie energii Fermiego przy jednoczesnym zwiększeniu stężenia nośnika, a w skrajnych przypadkach energia Fermiego może być przypinana lub stała, zwana przypinaniem energii Fermiego. P(NDI2OD-T2) wykazywało największe przesunięcie energii Fermiego, a tym samym największy wzrost stężenia elektronów. To największe przesunięcie odzwierciedla najniższy stan luki wewnętrznej poniżej LUMO, co jest zgodne z wcześniejszymi badaniami wykazującymi, że P(NDI2OD-T2) jest wysokiej jakości półprzewodnikiem typu n o wysokiej stabilności operacyjnej [10]. Stosunkowo mniejsze przesunięcia energii Fermiego w pozostałych polimerach wskazują, że ich gęstość pułapki elektronowej byłaby większa.

Należy również wziąć pod uwagę podstawowy mechanizm transportu ładunków, aby zrozumieć zmienność mobilności z dopingiem, ponieważ profile transportowe (łatwość, z jaką elektrony mogą poruszać się w LUMO) tych polimerów są wyraźnie różne. DPPT-TT jest półprzewodnikiem dominującym typu p, tzn. jego profil transportowy dla elektronów jest gorszy niż dla dziur, ponieważ istnieje duża liczba pustych pułapek na elektrony, które ograniczają ruch elektronów i znacznie zmniejszają ich średnią swobodną ścieżkę ze względu na duży udział procesów skakania poprzez stany zlokalizowane w LUMO. W związku z tym mobilność elektronów jest silnie ograniczona przez stany pułapki wewnątrz DPPT-TT. Po dopingu typu n stężenie elektronów wzrosło o cztery rzędy wielkości, co oznacza, że ilość dodanych elektronów jest wystarczająco duża, aby wypełnić i/lub pasywować pułapki elektronów wewnętrznych, co prowadzi do znacznej poprawy transportu elektronów. W ten sposób bariera hoppingowa jest zredukowana, a ruchliwość elektronów znacznie zwiększona, jak to ma miejsce w przypadku urządzeń z domieszką DPPT-TT.

Jednakże pozostałe trzy polimery są półprzewodnikami z dominacją typu n, które wewnętrznie i w przeważającej mierze transportują elektrony, co oznacza, że ich LUMO zawiera niższe stężenie aktywnych pułapek elektronów w celu ograniczenia mobilności elektronów, a elektrony poruszają się po stosunkowo wolnej od pułapek i ciągłej drodze. W związku z tym transport ładunków w tych polimerach polega na mniejszym przeskakiwaniu elektronów pomiędzy stanami zlokalizowanymi niż w DPPT-TT, w którym bardzo niska ruchliwość elektronów wewnętrznych jest generalnie konsekwencją działania tych pułapek. Tak więc, nawet po zwiększeniu stężenia elektronów o kilka rzędów wielkości w wyniku domieszkowania typu n, mobilność elektronów pozostaje stosunkowo stała dla tych trzech dominujących polimerów typu n, co jest zgodne z ref. [35]. Dlatego też, różnice w stanach luk wewnętrznych i proporcji skokowej (profil transportowy) w LUMO muszą być brane pod uwagę, aby zrozumieć przesunięcie energii Fermiego i zmienność ruchliwości od dopingu typu n opartego na BV0.

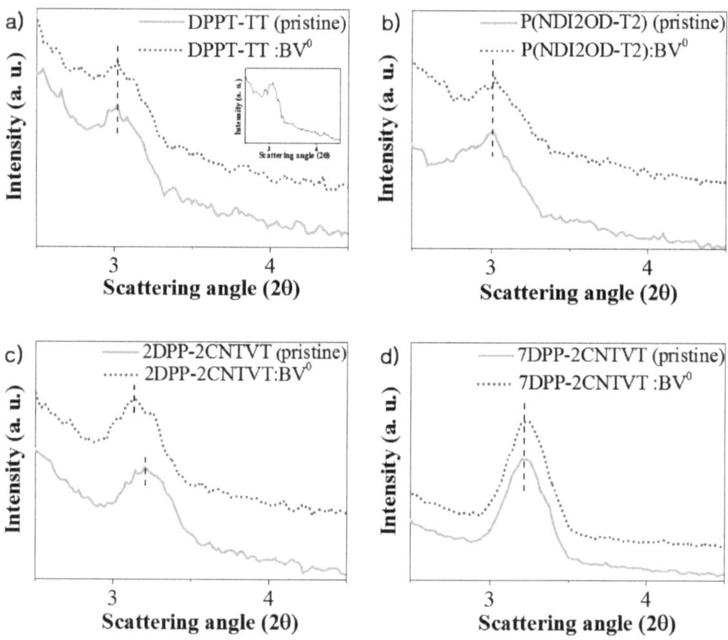

Rysunek 37. Profile dyfrakcji rentgenowskiej (XRD) dla filmów nieskazitelnych (linie pełne) i dopingowanych (0,5%v/v) (linie przerywane): a) DPPT-TT (wstawiona: XRD dla czystego BV0), b) P(NDI2OD-T2), c) 2DPP-2CNTVT, oraz d) 7DPP-2CNTVT.

Rysunek 37 przedstawia profile XRD dla folii nieskazitelnych i z domieszką. Nieskazitelne DPPT-TT, P(NDI2OD-T2), 2DPP-2CNTVT i 7DPP-2CNTVT wykazują szerokie wartości szczytowe dyfrakcji przy $2\theta = 3{,}02^{o}$, 3°, $3{,}21^{o}$ i $3{,}2^{o}$;

a wartości szczytowe intensywności wzrastają po dodaniu domieszki BV0. Odpowiednie rozstawy międzypłaszczyznowe (d-spacings) tych pików wynosiły odpowiednio 29,3, 29,5, 27,5 i 27,6 Å. Wystąpiło niewielkie przesunięcie szczytów dla folii domieszkowych P(NDI2OD-T2) (2θ = 3,03°) i 2DPP-2CNTVT (2θ = 3,14°), jak pokazano na rysunkach 37 (b) i (c). Nie zaobserwowano żadnego innego istotnego przesunięcia pików lub pojawienia się dodatkowych pików, co oznacza, że krystaliczność folii polimerowej nie została istotnie zmieniona przez domieszkę BV0.

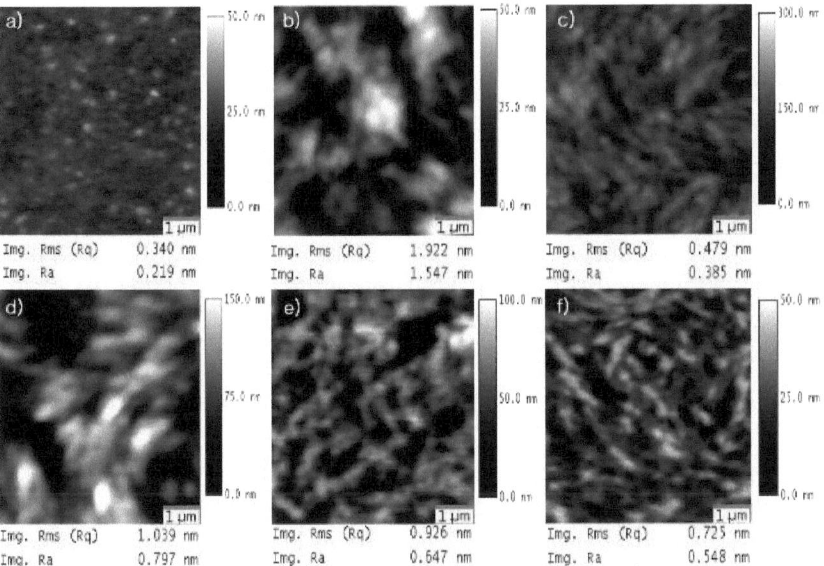

Rysunek 38. Obrazy AFM dla filmów nieskazitelnie czystych i z domieszką BV0: a) i b) DPPT-TT, c) i d) P(NDI2OD-T2), oraz e) i f) 2DPP-2CNTVT.

Ryciny 38, 39 i 40 przedstawiają nieskazitelną i domieszkowaną morfologię filmów AFM, łącznie z fazą AFM i odpowiednimi profilami wysokości.

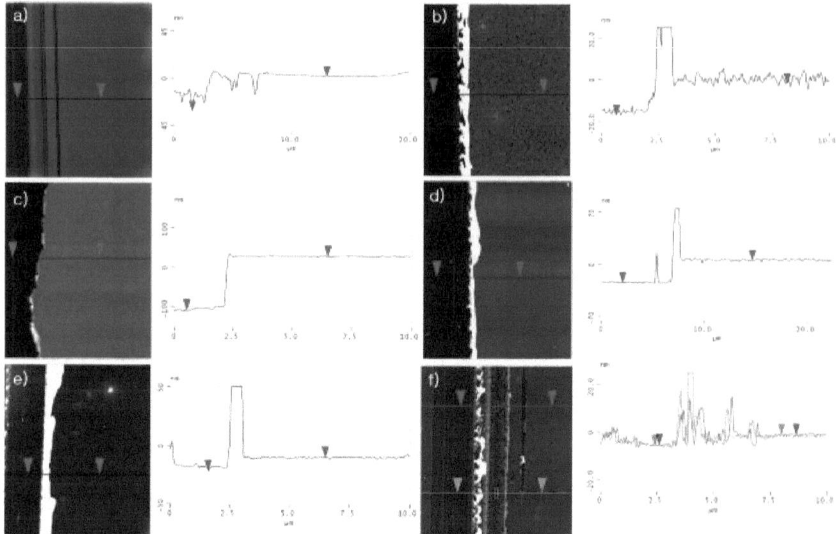

Rysunek 39. Obrazy AFM i odpowiadające im profile wysokości dla filmów nieskazitelnie czystych i z domieszką BV0: a) i b) DPPT-TT, c) i d) P(NDI2OD-T2), oraz e) i f) 2DPP-2CNTVT.

Chropowatość folii DPPT-TT i P(NDI2OD-T2) wzrosła po dopingu BV0; w przeciwieństwie do folii 2DPP-2CNTVT i 7DPP-2CNTVT, gdzie chropowatość zmniejszyła się po dopingu BV0. Ta poprawiona morfologia folii w przypadku polimerów 2DPP-2CNTVT i 7DPP-2CNTVT po domieszkowaniu sugeruje, że poprawa współczynnika on/off urządzeń opartych na tych polimerach wynika nie tylko z przeniesienia ładunku pomiędzy materiałami, ale także z poprawy mikrostruktury folii, która ma istotny wpływ na miejsca wychwytywania ładunku, ponieważ głębokość i gęstość tych miejsc w materiałach polimerowych są potencjalnie związane z mikrostrukturą [36].

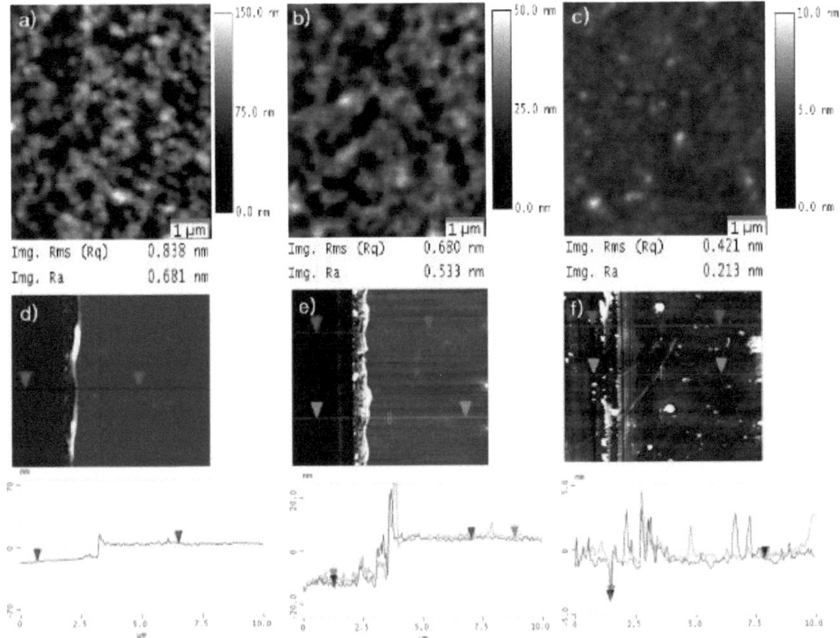

Rysunek 40. Obrazy AFM (powyżej) i odpowiadające im profile wysokości (poniżej) dla filmów nieskazitelnych (a, d) i z domieszką BV0 (b, e) 7DPP-2CNTVT i czystej folii BV0 (c, f).

Biorąc pod uwagę wszystkie wyżej wymienione aspekty, różnice w wynikowej mikrostrukturze, właściwościach optycznych i elektrycznych wyjaśniają różnice w efektach domieszkowych BV0 dla czterech badanych polimerów.

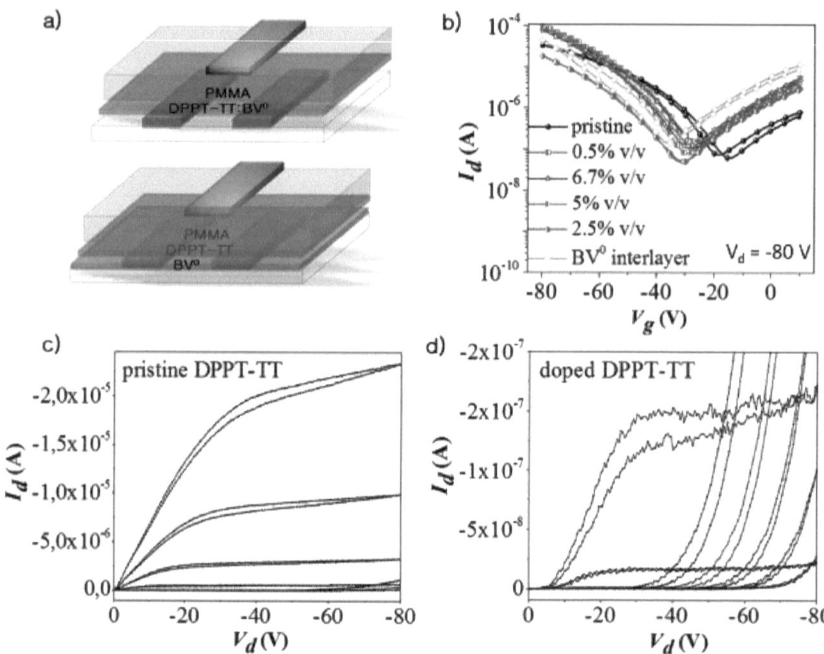

Rysunek 41. a) Struktury urządzeń dla urządzeń z domieszką OFETÓW i OFETÓW zawierających międzywarstwa BV0, b) krzywe przesyłu nasycenia dla nieskazitelnych i domieszkowanych urządzeń DPPT-TT (L = 10 μm) i międzywarstwowych BV0 (2500 obr./min. dla 60 s) urządzeń (L = 10 μm) oraz krzywe wyjściowe dla c) nieskazitelnych i d) domieszkowanych urządzeń DPPT-TT (L = 10 μm). *Id*, *Vd* i *Vg* oznaczają odpowiednio prąd spustowy, napięcie spustowe i napięcie bramki.

Mimo, że dla OFETów wykorzystaliśmy cztery różne długości kanałów (10, 20, 30 i 50 μm) oparte na nieskazitelnie czystych i domieszkowanych półprzewodnikach, nie zaobserwowano istotnej różnicy w działaniu powiązanych urządzeń, a zachowanie tranzystorów było identyczne dla wszystkich mierzonych OFETów. W związku z tym, w niniejszym opracowaniu omówimy działanie tranzystorów OFET o długości kanału 10 μm dla aparatów z domieszką i nieskazitelnie czystych OFETów. Rysunek 41 przedstawia strukturę urządzeń TGBC oraz reprezentatywną charakterystykę transferu i wyjścia dla nieskazitelnie czystych i domieszkowanych DPPT-TT OFETów. BV0 mieszano w sprzężonym roztworze polimeru w różnych procentach objętościowych dla warstw aktywnych lub osadzano jako cienkowarstwową warstwę pośrednią pomiędzy OSC a elektrodami źródłowymi i drenującymi. Wprowadzenie BV0 do struktur polimerowych wpłynęło na mobilność pola OFET, poziom prądu drenarskiego, stosunek włączony/wyłączony oraz napięcie progowe zarówno dla elektronów jak i otworów w kanale (patrz Tabela 5). Doping typu n zwiększył stężenie elektronów i zmniejszył stężenie w otworach, powodując większe n-kanałowe i w większości OFET-ów mniejsze prądy p-kanałowe w porównaniu z urządzeniami nieskazitelnymi.

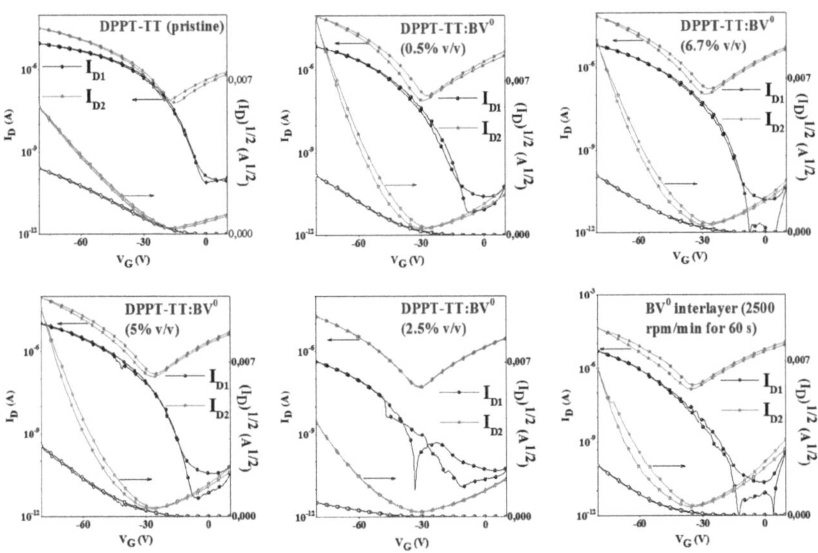

Rysunek 42. Charakterystyka transferu dla nieskazitelnie czystych i domieszkowanych DPPT-TT OFETÓW (L=10 μm). ID1 i ID2 to prądy drenarskie w reżimie liniowym (VD = 10 V) i nasycenia (VD = 80 V), odpowiednio. ID, VD i VG oznaczają odpowiednio prąd drenarski, napięcie drenarskie i napięcie bramki.

Nieskazitelnie czyste DPPT-TT OFETy wykazywały asymetryczny transport ambipolarny z większym prądem spływu z otworu. Nieskazitelna ruchliwość otworu DPPT-TT OFET = 0,6±0,2 cm2V-1s-1, natomiast ruchliwość elektronów wynosiła zaledwie 0,007±0,003 cm2V-1s-1. Po dopingu BV0 (6,7%v/v) lub wbudowaniu jako międzywarstwa ruchliwość elektronów wzrosła do 0,1 cm2V-1s-1, a prąd odpływu elektronów został wzmocniony o dwa rzędy wielkości. Ten wzrost prądu elektronów zaobserwowano również w charakterystyce wyjściowej (rys. 41 (c) i (d)). Rys. 41 (c) przedstawia typową charakterystykę wyjściową OFET z nieskazitelnym polimerem DPPT-TT. Jak pokazano na rysunku 41 (d), OFET z domieszką DPPT-TT wykazał znacznie lepsze charakterystyki wyjściowe n-kanałowe w porównaniu z urządzeniami nieskazitelnymi, gdzie prąd n-kanałowy jest prawie nieistotny. Jednakże inne OFETy z silnymi polimerami typu n, w tym folie P(NDI2OD-T2), 2DPP-2CNTVT i 7DPP-2CNTVT, nie wykazały tak dużego wzrostu ruchliwości elektronów i prądu elektronów, chociaż wykazały znaczną poprawę stosunku prądu włączenia do wyłączenia, ze względu na duży spadek prądu wyłączenia, prawdopodobnie z powodu tłumienia otworów przez rekombinację z (lub kompensację przez) nadmiarem elektronów generowanych przez n-doping. W rezultacie tranzystory OFET oparte na P(NDI2OD-T2) zostały całkowicie przekształcone z ambipolarnych na unipolarne tranzystory typu n poprzez zmniejszenie transportu p-kanałowego (rys. 43 (a) i (d)).

Ostra charakterystyka pod-progowa domieszkowanych krzywych przesyłu P(NDI2OD-T2) OFET wskazuje na dobrze zdefiniowaną właściwość przełączania, która jest krytyczna dla zastosowań w układach. Napięcie progowe (Vth) stało się bardziej ujemne wraz z wprowadzeniem dodatkowych elektronów przez doping, powodując włączenie n-kanału przy niższych napięciach bramki. Negatywne przesunięcie Vth, znaczny wzrost prądu i ruchliwości elektronów oraz spadek przeciwległych ruchomych nośników (otworów) w reżimie n-kanałowym potwierdzają BV0 jako n-dopant [10, 37].

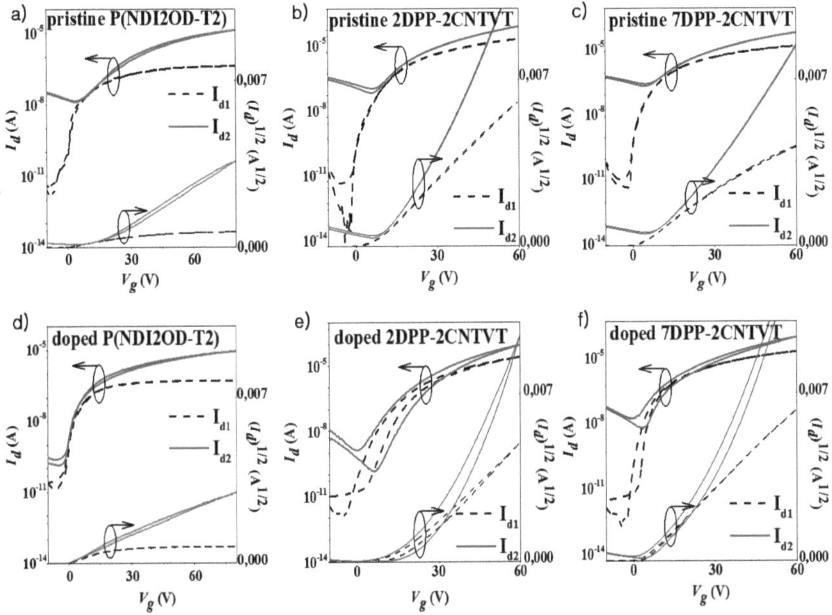

Rysunek 43. Charakterystyka przenoszenia dla nieskazitelnego i domieszkowanego a) i d) P(NDI2OD-T2), b) i e) 2DPP-2CNTVT, oraz c) i f) 7DPP-2CNTVT OFETÓW (L = 10 µm), odpowiednio. Id1 i Id2 to prądy drenarskie w reżimach liniowych (Vd = 10 V) i nasycenia (Vd = 60 V dla 2DPP-2CNTVT i 7DPP-2CNTVT oraz 80 V dla urządzeń opartych na P(NDI2OD-T2)), odpowiednio. *Vd* i *Vg* oznaczają odpowiednio napięcie spływu i napięcie bramki.

Różnice w skuteczności domieszkowania BV0 mogą wynikać z różnic w nieodłącznych właściwościach polimerów, takich jak wady strukturalne, granice ziaren, polaryzacje, orientacje molekularne, międzyfazowe zaburzenia energetyczne i nieodłączne gęstości pułapki, które ograniczają ich wydajność elektryczną. Chociaż BV0 przesuwa energie Fermiego polimerów w kierunku ich poziomów LUMO poprzez zwiększenie gęstości elektronów, liczba wolnych elektronów przeniesionych z domieszki do cząsteczek gospodarza jest ograniczona przez różne stężenia pułapki wewnętrznej w polimerach. Uwięzione elektrony, szczególnie te w głębokich pułapkach, nie przyczyniają się do powstawania prądu wyjściowego, który opiera się na ładunkach ruchomych [34], a być może głównie przesuwają napięcie progowe. Stąd pozorna ruchliwość elektronów nie zwiększyła się znacząco w n-kanałowych układach OFET opartych na (P(NDI2OD-T2), 2DPP-2CNTVT i 7DPP-2CNTVT), lecz znacznie wzrosła w p-kanałowych układach DPPT-TT OFET.

I chociaż wszystkie polimery są ambipolarne, to dominująca polaryzacja ich nośników ładunku jest różna. P(NDI2OD-T2), 2DPP-2CNTVT i 7DPP-2CNTVT mają dominujący transport elektronów z nieznacznym wtryskiem elektronów (rys. 43), podczas gdy DPPT-TT ma dominujący transport elektronów ze słabym wtryskiem (rys. 41(b) i (c)). Po domieszkowaniu, pierwsze trzy polimery wykazują jeszcze mniejszą skuteczność wstrzyknięcia otworu, co oznacza, że domieszkowanie BV0 przyczyniło się do powstania znacznie wyższej bariery(ów) we wstrzyknięciu otworu, co jest zgodne z przesunięciem energii Fermiego w kierunku LUMO.

Mimo, że ruchliwość elektronów nie zwiększyła się w urządzeniach opartych na materiałach z dominacją elektronów po n-dopingu, to jednak współczynnik włączenia/wyłączenia został znacznie zwiększony dzięki ulepszonemu wtryskowi ładunku z ulepszonym wtryskiem elektronów i wtryskiem z zablokowanym otworem [33]. Ten wysoki współczynnik włączania/wyłączania jest bardzo pożądany w zastosowaniach tranzystorowych. Dlatego też ta zasada dopingu może być stosowana jako selektywne dopingowanie w obwodach komplementarnych wymagających zarówno p- jak i n-kanałowych OFETów. Wyniki te, wraz z kilkoma poprzednimi badaniami, pokazują, że strojenie polaryzacji nośnika ładunku oraz zwiększenie ruchliwości nośnika poprzez doping, zależą od charakteru zarówno materiału żywiciela, jak i domieszki, a także od oddziaływań pomiędzy ich cząsteczkami w procesie dopingu [33, 34, 38-42].

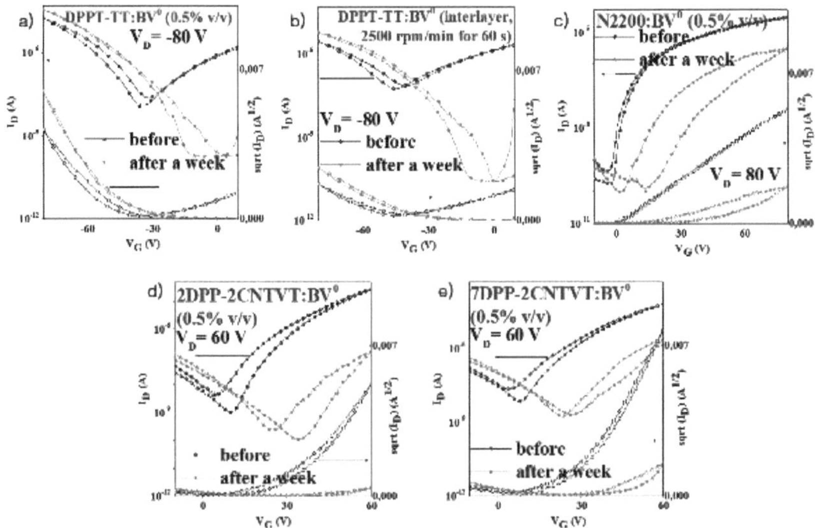

Rysunek 44. Charakterystyka transferu OFET (L=10 µm) dla a) domieszkowanego DPPT-TT, b) DPPT-TT z warstwą pośrednią BV0, c) domieszkowanego P(NDI2OD-T2), d) domieszkowanego 2DPP-2CNTVT, oraz e) 7DPP-2CNTVT, w warunkach otoczenia. ID, VD i VG oznaczają odpowiednio prąd spływu, napięcie spływu i napięcie bramki.

Stabilność powietrza urządzeń z domieszką BV0 została sprawdzona poprzez przechowywanie ich w warunkach otoczenia przez tydzień. Rysunek 44 pokazuje, że niestety, urządzenia z domieszką OFET nie wykazywały obiecującej stabilności otoczenia. Degradacja wydajności urządzeń jest prawdopodobnie spowodowana wrażliwością organicznego żywiciela i cząsteczek domieszkujących na powietrze i wilgotność. Uważamy, że przy odpowiednim podejściu do enkapsulacji cienkowarstwowej problem ten może zostać rozwiązany w przypadku organicznych urządzeń półprzewodnikowych.

Z drugiej strony, stabilność operacyjna dopingowanych OFETów pod ciągłym obciążeniem stronniczości była dość wiarygodna. Wyniki badań przy ciągłym obciążeniu udarowym przez około 6 godzin (1000 cykli) przedstawiono na Rys. 45.

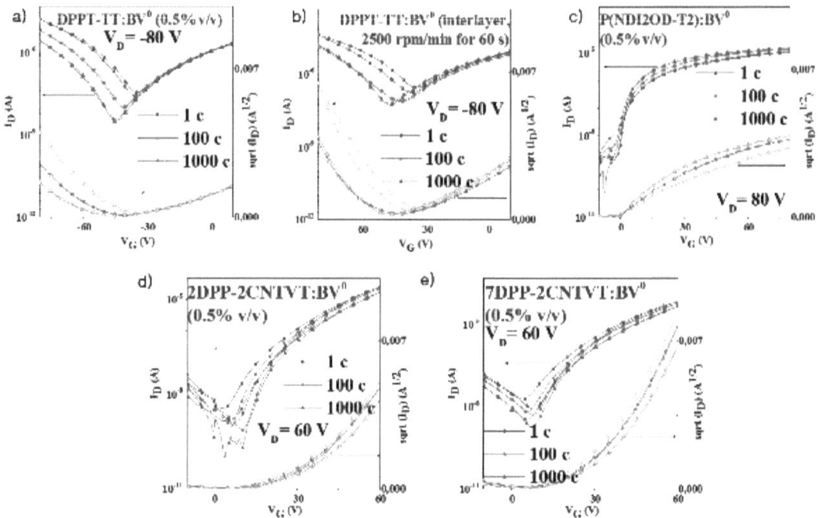

Rysunek 45. Charakterystyka transferu OFET (L=10 μm) dla (a) domieszkowanej DPPT-TT, (b) DPPT-TT z międzywarstwową warstwą BV0, (c) domieszkowanej P(NDI2OD-T2), (d) domieszkowanej 2DPP-2CNTVT, oraz (e) 7DPP-2CNTVT, przy ciągłym naprężeniu różnicowym: 1000 cykli, w przybliżeniu 6 godzin, c = cykl. ID, VD i VG oznaczają odpowiednio prąd spływu, napięcie spływu i napięcie bramki.

Tabela 5. Parametry tranzystorowe* dla nieskazitelnie czystych, domieszkowanych i międzywarstwowych urządzeń BV0

Warstwa aktywna	**Mobilność dziur (cm2V-1s-1)**	**Mobilność elektronów (cm2V1s1)**	**P-kanałowe napięcie progowe (V)**	**N-kanałowe napięcie progowe (V)**	**Współczynnik prądu włączenia/wyłączenia (p-channel)**	**Współczynnik prądu włączenia/ wyłączenia (n-kanał)**
DPPT-TT (nieskazitelny)	0.6–0.8	0.007–0.04	-21.8	–14.5	102~103	~101
DPPT-TT (z domieszką, 0,5%v/v)	0.3	0.08	-29.6	-25.3	102~103	~102

DPPT-TT (z domieszką, 2,5%v/v)	0.26	0.09	-35.13	-25.7	~102	~102
DPPT-TT (z domieszką, 5%v/v)	0.18	0.1	-31.6	-23.2	~102	~102
DPPT-TT (z domieszką, 6,7%v/v)	0.1	0.1	-36.5	–26.5	~102	~102
DPPT-TT (z warstwą pośrednią BV0)	0.1–0.2	0.08–0.1	-39.5	–29.5	102	102–103
P(NDI2OD-T2) (nieskazitelny)	-	0.1–0.2	-	11.5	-	~103
P(NDI2OD-T2) (doping, 6,7%v/v)	-	0.1-0.2	-	0.8	-	105
2DPP-2CNTVT (nieskazitelny)	-	0.35-0.4	-	10.1	-	~103
2DPP-2CNTVT (doping, 6,7%v/v)	-	0.3-0.4	-	8.4	-	105–106
7DPP-2CNTVT (nieskazitelny)	-	0.3-0.4	-	11.2	-	102
7DPP-2CNTVT (doping, 6,7%v/v)	-	0.3-0.4	-	5.8	-	104

*Wartość końcowa podana w tabeli 2 jest średnią z wyników ~30 urządzeń mierzonych dla każdego z warunków.

Stężenie BV0 w foliach polimerowych przeliczono na stosunki molowe (MR), które odpowiadają liczbie cząsteczek domieszkujących na monomer, zgodnie z równaniem:

$$MR = \frac{c/M_{dopant}}{(1-c)/M_{polymer}}$$

gdzie *c* jest stężeniem dopingu (0,5%v/v), *Mdopant* i *Mpolimer* są masami molowymi odpowiednio benzylowego viologenu i monomerów polimerowych [10]. Masy molowe monomerów DPPT-TT, P(NDI2OD-T2), 2DPP-2CNTVT i 7DPP-2CNTVT wynoszą odpowiednio 984, 976, 1336 i 1596 g·mol-1. A masa molowa BV wynosi 338 g·mol-1.

Zmiana wartości napięcia progowego została obliczona za pomocą równania:

$$\Delta Vth = Vth_{, pristine} - Vth_{, doped}$$

gdzie $Vth_{, pristine}$, $Vth_{, doped}$ to wartości progowe napięcia odpowiednio dla urządzeń pristine i doped.

A odpowiednia zmiana gęstości elektronów została obliczona według wzoru:

$$\Delta Q = \Delta Vth \cdot Ci/q$$

gdzie C_i jest pojemnością dielektryczną bramki na jednostkę powierzchni (500 nm grubości PMMA, C_i = 6,2 nF/cm2), a q jest ładunkiem elementarnym (≈1.6x10-19 C).

Tabela 6. Współczynniki prądu włączenia/wyłączenia kanałów N dla urządzeń nieskazitelnych i domieszkowanych oraz urządzeń międzywarstwowych BV0, a także współczynniki domieszkowania molowego domieszkowanych folii polimerowych, zmiany napięcia progowego i wartości zmiany gęstości elektronów dla urządzeń domieszkowanych.

Warstwa aktywna	Współczynnik prądu włączenia/wyłączenia (n-kanał)	Współczynnik dopingu (MR, mol%)	ΔVth (V)	ΔQ (cm-3)
DPPT-TT (nieskazitelny)	101	-	-	
DPPT-TT (z domieszką)	~102	≈ 0.06	12	4.05x1011
DPPT-TT (z warstwą pośrednią BV0)	102–103	-	15	5.8x1011
P(NDI2OD-T2) (nieskazitelny)	~103	-	-	
P(NDI2OD-T2) (z domieszką)	105	≈ 0.06	10.7	4.15x1011

2DPP-2CNTVT (nieskazitelny)	~103	-	-	
2DPP-2CNTVT (z domieszką)	105–106	≈ 0.08	1.7	6.59x1010
7DPP-2CNTVT (nieskazitelny)	102	-	-	
7DPP-2CNTVT (z domieszką)	104	≈ 0.09	5.4	2.10x1011

Do tej pory zwiększeniu mobilności nośnika ładunku za pomocą dopingu towarzyszyło zwykle późniejsze pogorszenie stosunku jonów do wyłączeń, co miało szkodliwy wpływ na działanie tranzystorów. Tylko w kilku badaniach nad dopingiem w OFET odnotowano zwiększenie ruchomości nośnika ładunku bez utraty stosunku jonów do liczby jonów. Na przykład, Long i wsp. osiągnęli znacząco wysoką ruchomość dziur w DPPT-TT i P(NDI2OD-T2) OFET poprzez zastosowanie nowej domieszki typu p, Mn3O4, która nie pogorszyła stosunku jon/Ioff urządzeń [25]. Inna grupa naukowców osiągnęła niezwykły doping typu p w DPPT-TT OFET poprzez zastosowanie dodatku jonowego bez zmniejszenia stosunku jonów do prądu wyłączenia [26]. W naszych badaniach stosunek jonów do wyłączeń urządzeń został zwiększony o co najmniej jeden rząd wielkości dla wszystkich czterech polimerów po dopingu. Niniejszym proponujemy BV0 jako odpowiedni środek dopingujący dla wysokiego stosunku on/off poprzez efektywną modulację gęstości elektronów i dostrojenie polaryzacji nośników ładunku OFET do zastosowania w obwodach komplementarnych. Ponadto, za pomocą dopingu BV0 można również skutecznie kontrolować napięcie progowe urządzeń.

4.3. SEKCJA EKSPERYMENTALNA

Materiały

Handlowy chlorek żelaza PyB (40% zawartości barwnika, Sigma-Aldrich) to kompleks zawierający FeCl4 o wzorze chemicznym C42H54Cl8Fe2N4O2 (C42H54N4O2·2FeCl4, MW=1042,22). Barwnik został użyty w takiej postaci, w jakiej jest, bez dalszego oczyszczania.

Handlowy dichlorek benzylowo-wiologenu (BVD) (C24H22Cl2N2) został zakupiony od SIGMA-ALDRICH i zmniejszony przez borowodorek sodu w wodzie w celu uzyskania jego stanu obojętnego, jak wcześniej informowano. W tym celu rozpuszczono 20 mg BVD w 10 ml zdejonizowanej wody. Do roztworu dodano 4 g wodorotlenku sodu w celu obniżenia BVD do wartości obojętnej BV0. Dodano również 5 ml toluenu w celu oddzielenia zredukowanego BV0. Ponieważ toluen i woda nie są mieszalne ze względu na różnice polaryzacji, a woda jest gęstsza od toluenu, tworzą one dwie oddzielne fazy, w których toluen pływa na powierzchni wody. Podczas reakcji redukcyjnej hydrofilowe BVD zostało przekształcone w hydrofobową, neutralną formę BV0, która następnie została przeniesiona z wody do toluenu, tworząc jasnożółty roztwór. Reakcja była prowadzona w warunkach otoczenia i trwała ponad 48 godzin. BV0 izolowano dopiero po zakończeniu reakcji redukcji, na co również wskazywała całkowita zmiana barwy roztworu na jasnożółtą (początkowo roztwór BVD był bezbarwny i natychmiast po dodaniu borowodorku sodu zmienił kolor na fioletowy, co wskazywało na tworzenie się monokationu BV+. Barwa fioletowa stopniowo zmieniała się na żółtą, w miarę jak cząsteczka viologenu ulegała całkowitej redukcji do BV0). W związku z tym uważamy, że całkowita ilość dodanego BVD została zredukowana do stanu neutralnego BV0. Neutralny roztwór BV0 został użyty jako środek dopingujący przetworzony w systemie mieszanek host-dopant, jak również jako roztwór przetworzonej warstwy pośredniej na elektrodzie źródłowej i drenażowej. Zredukowany jasnożółty roztwór BV0 tworzył bladożółte, prawie przezroczyste warstwy na szklanym podłożu. Sprawdziliśmy absorpcję UV-NIR zredukowanego, neutralnego BV w postaci folii z powłoką spinową i odlewaną kroplowo, jak również roztworu. Poniżej Rys. 46 przedstawia wyniki i widać, że BV0 nie wykazuje silnej absorpcji, a jedynie szczytową przy ~233 nm. Grubość folii była również bardzo mała (~3 nm). Rysunek zawiera również zdjęcia zredukowanego roztworu BV0 i folii (gdzie porównujemy kolor roztworu BV0 i folii z czystym toluenem i gołym szkłem, aby lepiej poznać kolor) wraz z wynikami pomiarów absorpcji.

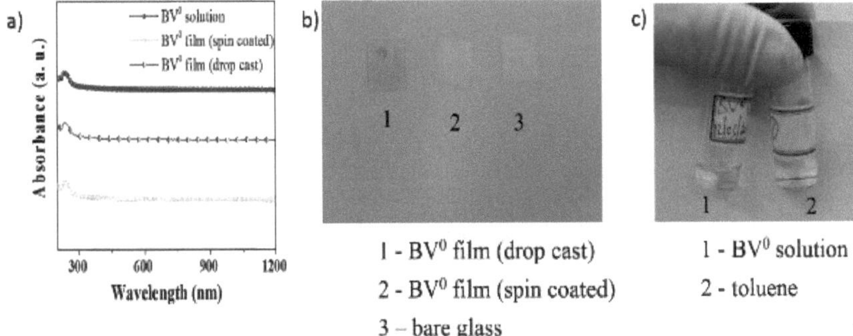

Rysunek 46. a) Widma UV-vis-NIR dla roztworu BV0 i warstw, b) i c) porównanie warstw BV0 i koloru roztworu odpowiednio z gołym szkłem i zwykłym toluenem.

Jeśli chodzi o występowanie reakcji redukcji, to gdy benzylo-wiologen jest redukowany przez borowodorek sodu (NaBH4), zwykle odbywa się to poprzez uwalnianie wodoru (H2), który może być skutecznie stosowany jako jedna z metod produkcji gazu H2. I jak już kilkakrotnie wspominano, aby uzyskać stan neutralny benzylo-wiologenu, zastosowaliśmy dichlorek benzylo-wiologenu, który również posiada dwa atomy chloru w swojej strukturze. Podczas reakcji redukcyjnej NaBH4 dichlorek benzylo-wiologenu rozkładał się na dikcyjne rodniki benzylo-wiologenu (V2+) i dichlorku (Cl2-). Rodniki Cl2- są bardzo reaktywne i reagują z molekułami wodoru powstającymi podczas reakcji, wytwarzając chlorowodór (HCl). W związku z tym, redukcja dichlorku benzylowo-wiologicznego doprowadziła do powstania i uwolnienia gazu HCl. Przeprowadziliśmy analizę XPS w celu zbadania składu pierwiastkowego nieskazitelnej i domieszkowanej folii. Poniżej dane XPS przedstawiają badania składu.

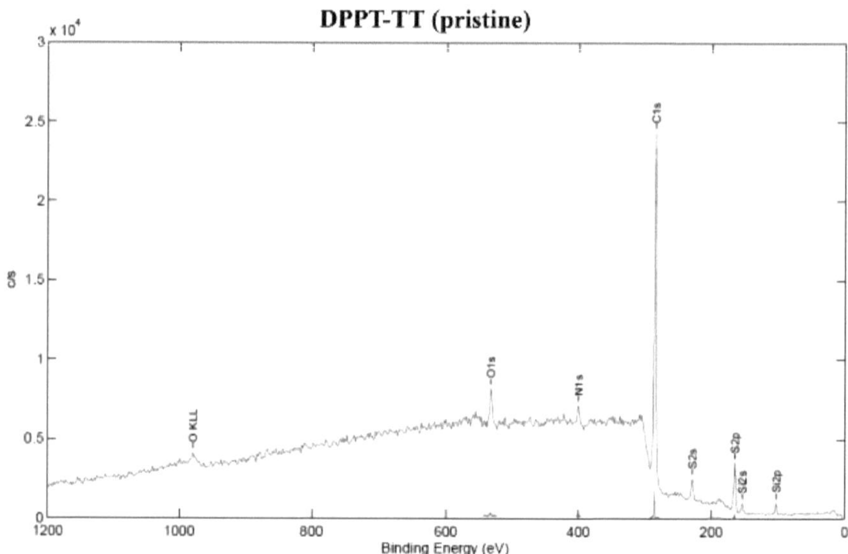
DPPT-TT (pristine)
x 10^4
C/S
Binding Energy (eV)
C1s
O1s
N1s
O KLL
S2s
S2p
Si2s
Si2p

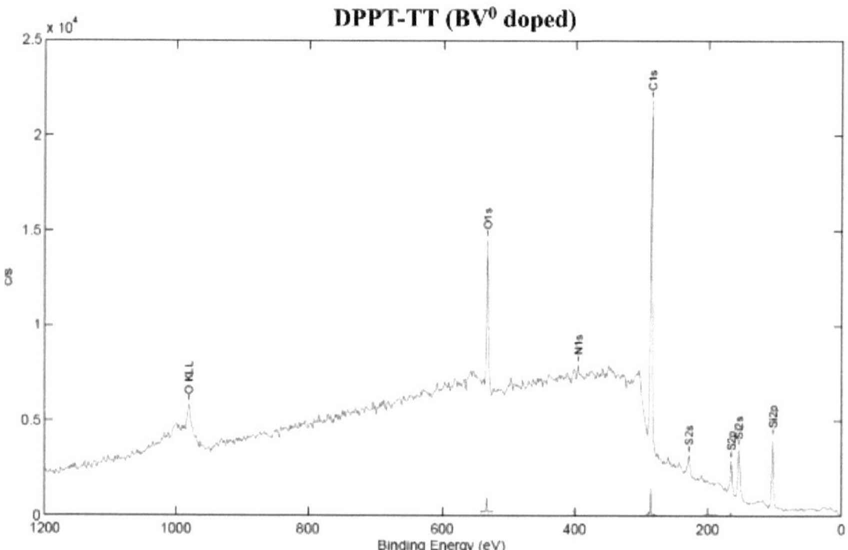
DPPT-TT (BV^0 doped)
x 10^4
C/S
Binding Energy (eV)
C1s
O1s
N1s
O KLL
S2s
S2p
Si2s
Si2p

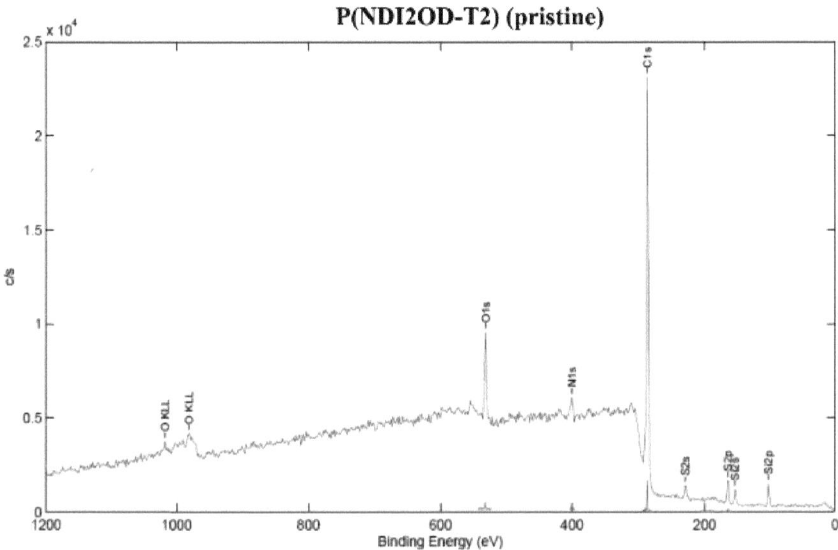
P(NDI2OD-T2) (pristine)
x 10^4
c/s
Binding Energy (eV)
C1s
O1s
N1s
O KLL
O KLL
S2s
S2p
Si2s
Si2p

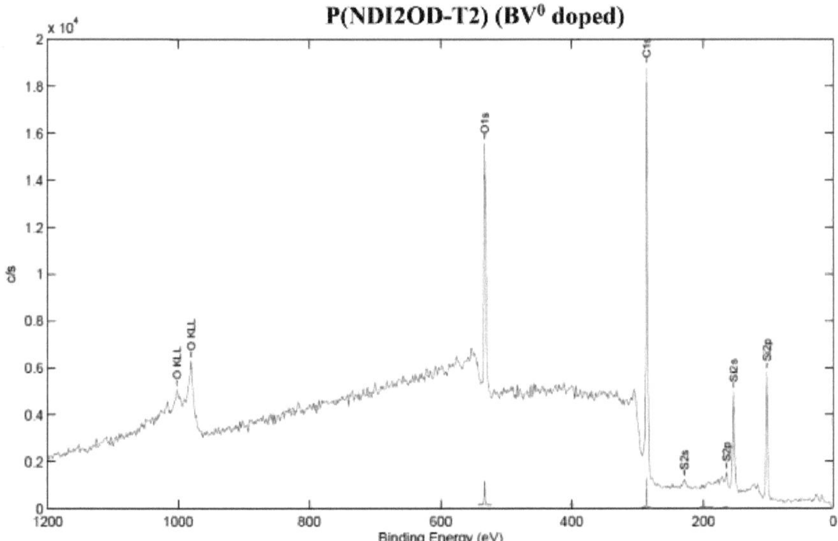
P(NDI2OD-T2) (BV^0 doped)
x 10^4
c/s
Binding Energy (eV)
C1s
O1s
O KLL
O KLL
S2s
S2p
Si2s
Si2p

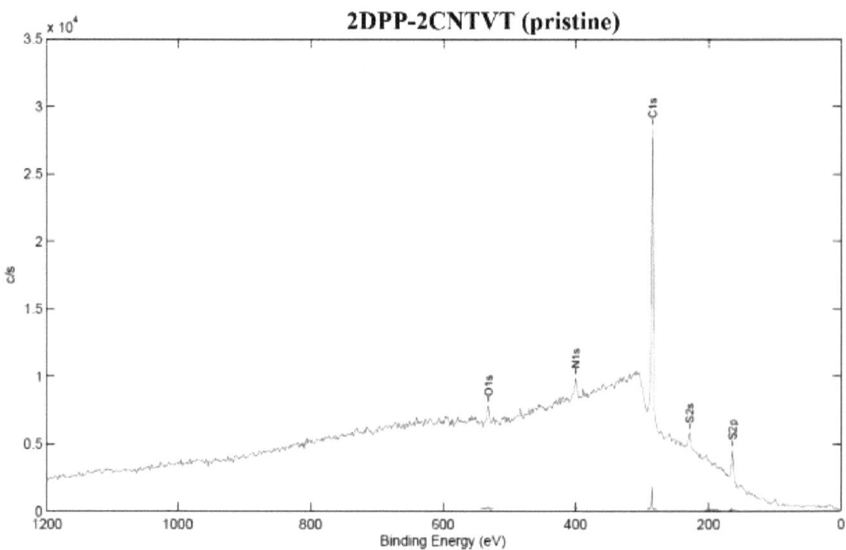
2DPP-2CNTVT (pristine)
x 10^4
c/s
Binding Energy (eV)
C1s
N1s
O1s
S2s
S2p

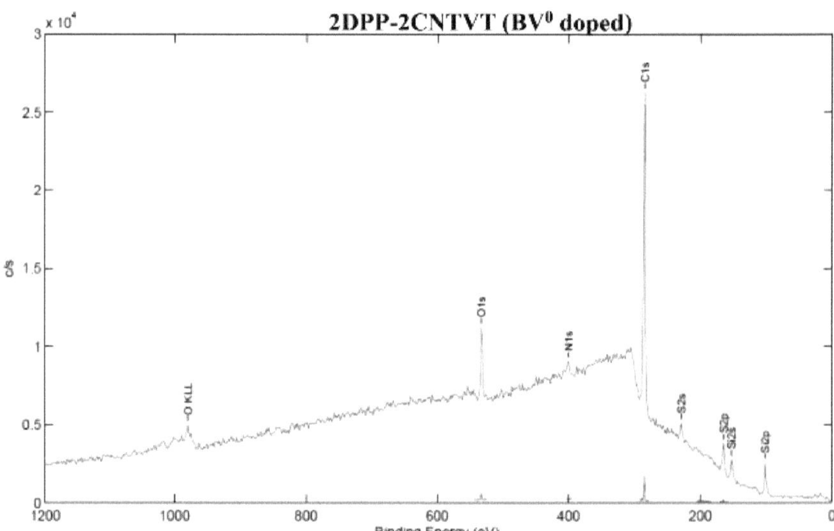
2DPP-2CNTVT (BV⁰ doped)
x 10^4
c/s
Binding Energy (eV)
C1s
O1s
N1s
O KLL
S2s
S2p
Si2s
Si2p

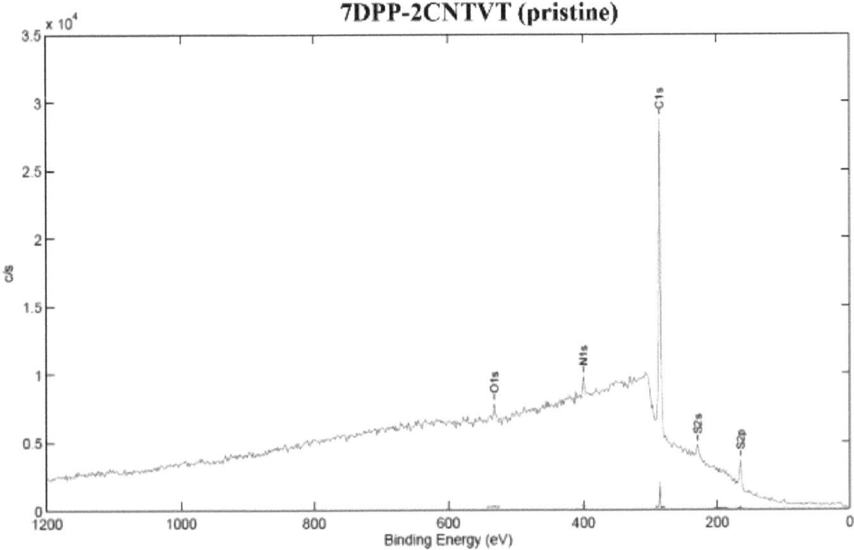

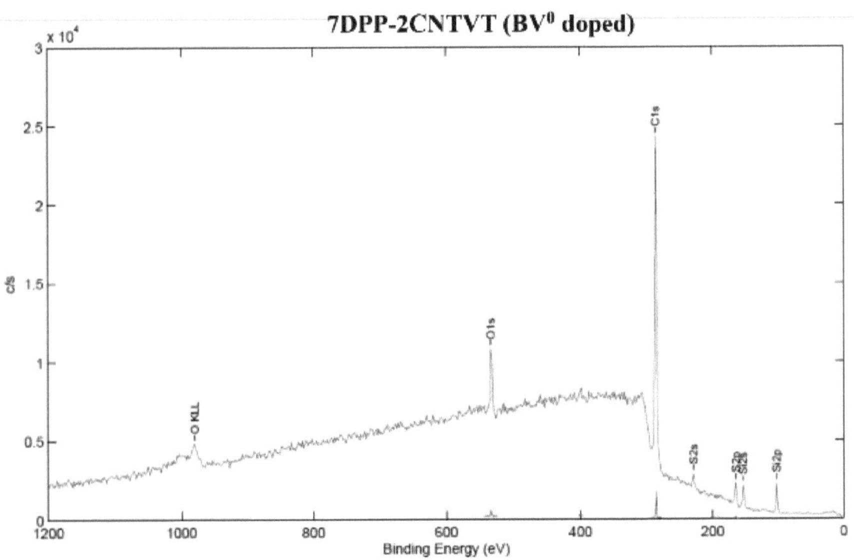

Rysunek 47. Widma analizy składu XPS dla nieskazitelnych i domieszkowanych folii polimerowych.

Jak widać na podstawie widm XPS, kontrola szczyty chloru wykazała, że chlor nie jest obecny w foliach z domieszką. Sprawdziliśmy również obecność pików chloru w czystych, zredukowanych błonach BV0 i niezredukowanych błonach BVD, a badanie BV0 XPS potwierdziło również, że zredukowana, neutralna forma benzylowego viologenu nie zawierała chloru w swojej strukturze, jak oczekiwano. Poniżej można zobaczyć wyniki tej analizy.

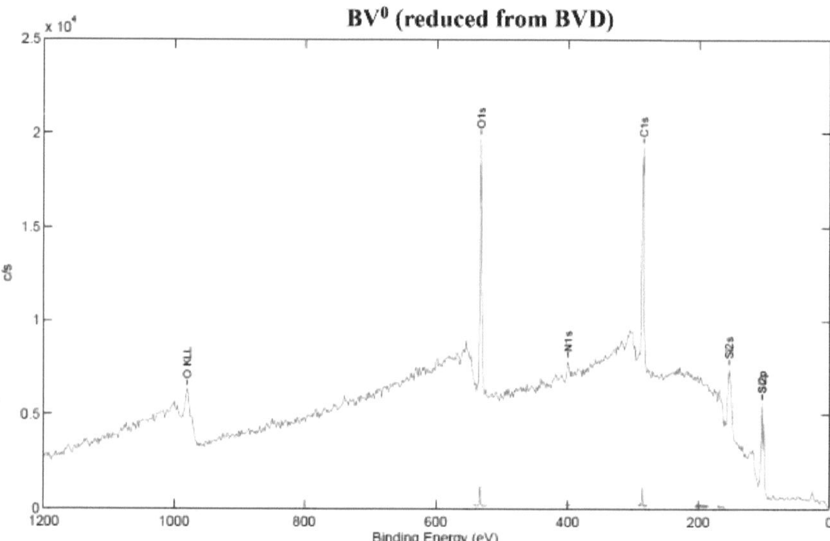

Rysunek 48. Widma analizy składu XPS dla filmu czystego i zredukowanego BV0.

Jak już przewidywano, badanie XPS przeprowadzone na niezredukowanej folii BVD wykazało wartości szczytowe chloru w stanach 2s i 2p (patrz Rys. 49).

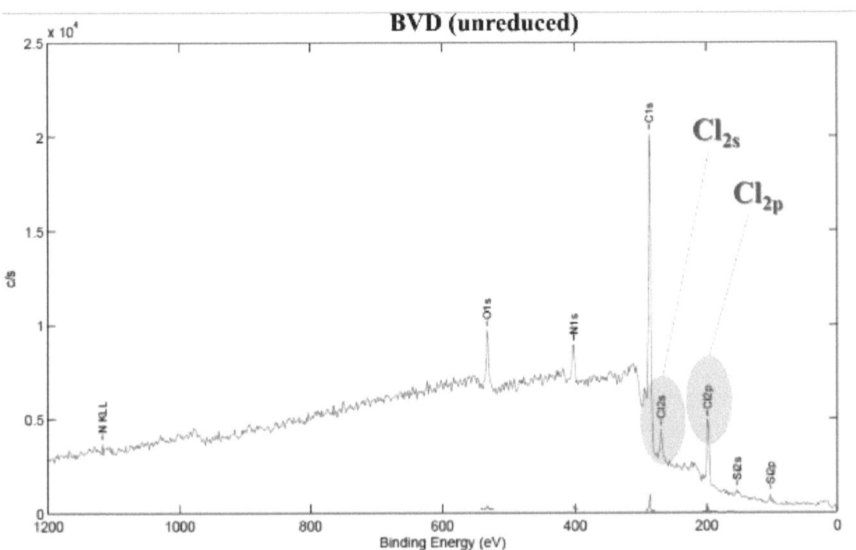

Rysunek 49. Widma analizy składu XPS dla czystej i nieredukowanej folii BVD.

DPPT-TT zakupiono od EM Index, P(NDI2OD-T2) (Polyera ActivInkTM N2200) od Polyera Corporation, a nowo zsyntetyzowane kopolimery 2DPP-2CNTVT i 7DPP-2CNTVT dostarczyła Katedra Chemii i Chemii Instytutu Materiałów Funkcjonalnych Pusan National University. Poli(metakrylan metylu) (PMMA) (Mn = 120 kDa; C = 6,2 nF·cm-2) zakupiono od SIGMA-ALDRICH i zastosowano jako dielektryk bramkowy.

Produkcja urządzeń

Podłoża szklane zostały wstępnie rozpylone za pomocą konwencjonalnej fotolitografii, ze źródłem Ni/Au (3 nm/13 nm) i elektrodami spustowymi, a następnie kolejno oczyszczone w kąpieli ultradźwiękowej za pomocą wody dejonizowanej, acetonu, izopropanolu po 10 minut każdy, a następnie przedmuchane na sucho gazem azotowym i wyżarzane w temperaturze 110°C w celu usunięcia pozostałości rozpuszczalnika. Odstępy pomiędzy stykami OFET (tj. długości kanałów) wynosiły 10, 20, 30 i 50 *μm,* a szerokość kanału wynosiła 1000 μm.

Roztwory DPPT-TT i P(NDI2OD-T2) przygotowano odpowiednio w 1,2-Dichlorobenzenie i p-Xylenie w ilości 10 mg/ml. Roztwory 2DPP-2CNTVT i 7DPP-2CNTVT przygotowano w 1,2,4-dichlorobenzenie w stężeniu 5 mg/ml. Roztwory polimeru ogrzewano w temperaturze 80°C przez ponad 24 godziny w celu lepszego rozpuszczenia, a następnie filtrowano przed użyciem w celu usunięcia nierozpuszczonych cząstek.

W przypadku PyB rozpuściliśmy niewielkie ilości (0,5, 2 i 10 mg) PyB w różnych rozpuszczalnikach organicznych, takich jak etanol, 2-propanol, alkohol izopropylowy, octan etylu oraz mieszanina rozpuszczalników organicznych (składająca się z toluenu (50%), etanolu (15%), octanu butylu (10%), butanolu (10%), 2-etoksyetanolu (8%) i acetonu (7%)), tworząc roztwory 0.5 mg/ml w etanolu; 2 mg/ml w 2-propanolu, alkoholu izopropylowym i octanie etylu; 10 mg/ml w wyżej wymienionej mieszaninie rozpuszczalników. Następnie roztwory były podgrzewane na gorącej płycie w temperaturze 80o C przez ponad 24 godziny w celu zapewnienia całkowitego rozpuszczenia, a następnie filtrowane w celu usunięcia nierozpuszczonych cząstek barwnika. Roztwory barwnika zostały zmieszane z 1% (10 mg/ml) roztworem polimeru DPPT-TT w dichlorobenzenie w różnych proporcjach wagowych (1:100, 1:50, 1:40, 1:30, 1:20, 1:15, 1:10 i 1:7) i ponownie ogrzewane na gorącej płytce w temperaturze 80oC przez ponad 24 godziny w celu zapewnienia lepszego mieszania materiałów. Wymieszane roztwory były pokrywane spinem przy 2000 rpm przez 60 s bez filtrowania, a następnie wyżarzane w 200oC przez 30 min. w celu utworzenia końcowej warstwy polimeru z domieszką barwnika. W przypadku dielektryka bramki zastosowaliśmy tylko CYTOP na foliach z domieszką barwnika, ponieważ jego rozpuszczalnik był jedyną opcją ortogonalną zarówno dla molekuł hosta jak i domieszki (PyB). CYTOP został rozcieńczony specjalnym fluorowanym rozpuszczalnikiem w proporcji 2:1 i odwirowany w taki sam sposób jak warstwa aktywna, tworząc warstwę dielektryka o grubości 500 nm, a następnie wyżarzany w 80oC przez godzinę.

W przypadku BV0, obojętny (żółty) roztwór BV0 był filtrowany i dodawany w różnych stężeniach (%v/v) do roztworów polimeru żywiciela (DPPT-TT, P(NDI2OD-T2), 2DPP-2CNTVT i 7DPP-2CNTVT), a mieszane roztwory były podgrzewane w temperaturze 80°C przez ponad 24 godziny w celu zapewnienia pełnej mieszanki żywiciel-dopant i uzyskania jednorodnie domieszkowanych roztworów. Roztwory z domieszką nakładano na oczyszczone wstępnie wypatroszone podłoża szklane w czasie 2000 rpm (DPPT-TT i P(NDI2OD-T2)) i 1500 rpm (2DPP-2CNTVT i 7DPP-2CNTVT) przez 60 s, a następnie wyżarzano w temp. 150°C (P(NDI2OD-T2)), 200°C (DPPT-TT i 2DPP-2CNTVT) i 250°C (7DPP-2CNTVT) przez 30 min. w celu utworzenia finalnej domieszki polimerowej. Neutralny roztwór BV0 został również użyty jako międzywarstwa kontaktowa na źródle i elektrodach drenażowych dla niektórych OFETów. Roztwór obojętny był wirowany z różną prędkością na źródle złota i elektrodach spustowych, wyżarzany przez 10 min, a następnie na folie BV0 z prędkością omówioną w poprzednim akapicie wirowano nieskazitelny roztwór polimeru DPPT-TT. W przypadku dielektryka zasuwowego 80 mg sproszkowanego PMMA zostało rozpuszczone w bezwodnym octanie butylu; na warstwach aktywnych wytrącono powłokę spinową przy 2000 rpm przez 60 sekund, tworząc warstwę dielektryka o długości fali 500 nm; oraz wyżarzono w temperaturze 80°C przez ponad godzinę.

W obu przypadkach, w celu skompletowania urządzeń, aluminiowe elektrody bramki o grubości 50 nm zostały osadzone na folii dielektrycznej poprzez termiczne odparowanie przez maski cieniowe. A wszystkie procedury produkcyjne, z wyjątkiem litografii, osadzania elektrod i reakcji redukcji BVD, były wykonywane w atmosferze azotu.

Charakterystyka urządzenia

Właściwości elektryczne OFET scharakteryzowano za pomocą analizatora parametrów Keithley'a 4200-SCS w wypełnionej azotem skrzynce rękawicowej w temperaturze pokojowej. Mobilność i wartości napięcia progowego ekstrahowano w reżimie nasycenia metodą klasyczną,

$$I_{d,sat} = \frac{W}{2L} C_i \mu (V_g - V_{th})^2,$$

gdzie, *Id jest spływem* do źródła prądu; *L, W są odpowiednio* długością i szerokością kanału; *Ci* jest pojemnością materiału dielektrycznego bramki na jednostkę powierzchni; μ jest ruchliwością efektu pola w reżimie nasycenia; a *Vg* i *Vth* są odpowiednio bramką do źródła i napięciami progowymi. Pomiary spektroskopii absorpcyjnej UV-Vis-NIR, spektroskopii fotoelektronowej UV (UPS), spektroskopii fotoelektronowej rentgenowskiej (XPS), AFM i XRD przeprowadzono w warunkach otoczenia, przy czym cienkie warstwy do tych pomiarów przygotowano na podłożach szklanych gołych i powlekanych ITO oraz na podłożach z płytek krzemowych metodą powlekania wirowego.

Poziomy energetyczne i luki w paśmie optycznym folii domieszkowanych i nieskazitelnych zostały pobrane z UPSów i widm optycznych. Widma optyczne uzyskano za pomocą spektroskopii absorpcyjnej UV-vis lub UV-Vis-NIR.

Poziomy LUMO środków dopingujących obliczono na podstawie ich potencjałów redukcyjnych, które oszacowano w odniesieniu do różnych elektrod referencyjnych (NHE i SHE). Równanie empiryczne służące do obliczania energii LUMO stanowiło:

$$E_{LUMO} = - (Ered + stała)$$

gdzie stała oznacza wartość reprezentującą różnicę potencjałów pomiędzy poziomem energii zastosowanej elektrody odniesienia a poziomem próżni (potencjał elektrody absolutnej). W przypadku NHE ta stała wartość wynosi 5,13 eV poniżej poziomu próżni [42], a w przypadku SHE 4,44 eV [43].

4.4. WNIOSKI

Badano efekty domieszkowania kationowym barwnikiem organicznym PyB dla charakterystyki OFET sprzężonym polimerem DPPT-TT. Barwnik PyB wykazywał typowe efekty domieszkowe typu p oraz bardzo dobrą charakterystykę urządzenia nawet przy bardzo małym stężeniu domieszki (1:100). Pomimo ograniczeń związanych ze stabilnością powietrza, ta prosta technika domieszkowa oparta na roztworze z udziałem barwnika organicznego, PyB, jako środka dopingującego, może być stosowana jako skuteczna alternatywna metoda poprawy właściwości sprzężonych polimerów OFET.

Zbadano również wpływ domieszki typu n BV0 na różne półprzewodniki polimerowe typu dawca-akceptor. Wszystkie folie polimerowe wykazały przesunięcie energii Fermiego w kierunku LUMO, co wskazuje na zwiększoną gęstość elektronów po włączeniu BV0. Jednak zmiany charakterystyki OFET po domieszkowaniu BV0 były silnie uzależnione od rodzaju zastosowanych organicznych półprzewodników. Ruchliwość elektronów domieszkowanych DPPT-TT OFETów istotnie wzrosła z 10-3 (nieskazitelnie) do 0,1 cm2V-1s-1, natomiast domieszkowane P(NDI2OD-T2), 2DPP-2CNTVT i 7DPP-2CNTVT OFETów wykazywały jedynie zmniejszenie prądu wyłączenia ze stanu z powodu rezygnacji z nośników mniejszościowych z dodatkiem BV0. Dlatego proponujemy BV0 jako obiecujący n-kanałowy domieszka do polimerowych półprzewodników, aby poprawić ich właściwości elektroniczne. Obecne badanie sugeruje nowe podejście dla OFET i będzie stanowić inspirację dla dalszych działań w tej dziedzinie.

REFERENCJE

[1] F. Li, A. Werner, M. Pfeiffer, K. Leo, X. Liu, Leuco krystaliczny fiolet jako domieszka do n-dopingu organicznych cienkich warstw fullerenu C60, The Journal of Physical Chemistry B, 108 (2004) 17076-17082.

[2] F. Li, M. Pfeiffer, A. Werner, K. Harada, K. Leo, N. Hayashi, K. Seki, X. Liu, X.-D. Dang, Acridine orange base as a dopant for n doping of C60 thin films, Journal of applied physics, 100 (2006) 23716-23900.

3] C.K. Chan, E.G. Kim, J.L. Brédas, A. Kahn, Molecular n-Type Doping of 1, 4, 5, 8-Naphthalene Tetracarboxylic Dianhydride by Pyronin B Studied Using Direct and Inverse Photoelectron Spectroscopies, Advanced Functional Materials, 16 (2006) 831-837.

4] A. Werner, F. Li, K. Harada, M. Pfeiffer, T. Fritz, K. Leo, Pyronin B jako dawca dopingu typu n cienkich warstw organicznych, Applied Physics Letters, 82 (2003) 4495-4497.

[5] M. Held, Y. Zakharko, M. Wang, F. Jakubka, F. Gannott, J.W. Rumer, R.S. Ashraf, I. McCulloch, J. Zaumseil, Photo-and electroluminescence of ambipolar, high-mobility, donor-acceptor polymers, Organic Electronics, 32 (2016) 220-227.

6] Z. Chen, M.J. Lee, R. Shahid Ashraf, Y. Gu, S. Albert-Seifried, M. Meedom Nielsen, B. Schroeder, T.D. Anthopoulos, M. Heeney, I. McCulloch, High-Performance Ambipolar Diketopyrrolopyrrole-Thieno [3, 2-b] tiophene Copolymer Field-Effect Transistors with Balanced Hole and Electron Mobility, Advanced materials, 24 (2012) 647-652.

7] L. Ma, W.H. Lee, Y.D. Park, J.S. Kim, H.S. Lee, K. Cho, High performance polythiophene thin-film tranzystors doping with very small amounts of an electron acceptor, Applied Physics Letters, 92 (2008) 063310.

[8] E. Lim, B.-J. Jung, M. Chikamatsu, R. Azumi, Y. Yoshida, K. Yase, L.-M. Do, H.-K. Shim, Doping effect of solution-processed thin-film tranzysistors based on polyfluorene, Journal of Materials Chemistry, 17 (2007) 1416-1420.

9] D. X. Long, K.J. Baeg, Y. Xu, S.J. Kang, M.G. Kim, G.W. Lee, Y.Y. Noh, Gradual Controlling the Work Function of Metal Electrodes by Solution-

Processed Mixed Interlayers for Ambipolar Polymer Field-Effect Transistors and Circuits, Advanced Functional Materials, 24 (2014) 6484-6491.

10] C. Liu, J. Jang, Y. Xu, H.J. Kim, D. Khim, W.T. Park, Y.Y. Noh, J.J. Kim, Effect of Doping Concentration on Microstructure of Conjugated Polymers and Characteristics in N-Type Polymer Field-Effect Transistors, Advanced Functional Materials, 25 (2015) 758-767.

Nugraha M. I.; Kumagai S.; Watanabe S.; Sytnyk M.; Heiss W.; Loi M. A.; Takeya J. Włączenie transportu ambipolarnego do ciężkiego n-Type Transport w PbS Quantum Dot Solids poprzez doping z cząsteczkami organicznymi. ACS Appl. Mater. Interfejsy 2017, 9, 18039-18045.

[12] Park J. Y.; Lee S. B.; Park Y. S.; Park Y. W.; Lee C. H.; Lee J. I.; Shim H. K. Doping Effect of Viologen on Photoconductive Device Made of Poly(p-phenylenevinylene). Appl. Phys. Lett. Vol. 72, No. 22, 1998.

[13] Yu W. J.; Liao L.; Chae S. H.; Lee Y. H.; Duan X. Toward Tunable Band Gap i Tunable Dirac Point in Bilayer Graphene with Molecular Doping. Nano Lett. 2011, 11, 4759-4763.

[14] Jo K.; Choi J.; Kim H. Benzyl Viologen-Assisted Simultaneous Exfoliation and N-Doping of MoS2 Nanosheets via a Solution Process. J. Mater. Chem. C, 2017, 5, 5395.

[15] Kim S. M.; Jang J. H.; Kim K. K.; Park H. K.; Bae J. J.; Yu W. J.; Lee I. H.; Kim G.; Loc D. D.; Kim U. J.; Lee E. H.; Shin H. J.; Choi J. Y.; Lee Y. H. Reduction-Controlled Viologen in Bisolvent as an Environmentally Stable n-Type Dopant for Carbon Nanotubes. J. Am. Chem. Soc. 2009, 131, 327-331.

[16] Kiriya D.; Tosun M.; Zhao P.; Kang J. S.; Javey A. Air-Stable Surface Charge Transfer Doping MoS2 Benzyla Viologena. J. Am. Chem. Soc. 2014, 136, 7853-7856.

[17] B. Bröker, R.-P. Blum, J. Frisch, A. Vollmer, O. T. Hofmann, R. Rieger, K. Müllen, J. P. Rabe, E. Zojer i N. Koch, Gold Work Function Reduction by 2.2 eV with an Air-Stable Molecular Donor Layer, Appl. Phys. Lett., 2008, 93, 243303.

[18] Cao L.; Fang G.; Wang Y. Elektroredukcja wiologenowych soli fenylo-diazonowych jako strategia kontroli pokrycia wiologenowego na elektrodach. Langmuir 2017, 33, 980-987.

[19] Berville M.; Karmazin L.; Wytko J. A.; Weiss J. Viologen Cyclophanes: Redox Controlled Host-Guest Interactions. Chem. Gmina. , 2015, 51, 15772–15775.

[20] Porter W. W. III; Vaid T. P. Isolation and Characterization of Phenyl Viologen as a Radical Cation and Neutral Molecule. J. Org. Chem., 2005, 70, 5028-5035.

[21] Porter W. W. III; Vaid T. P.; Rheingold A. L. Synteza i charakterystyka wysoce redukującego obojętnego "Extended Viologen" i izostrukturalnego węglowodoru 4,4'-Di-n-oktylo-p-kwaterfenylu. J. Am. Chem. Soc. 2005, 127(47), 16559-16566.

22] Chen Z.; Lee M. J.; Ashraf R. S.; Gu Y.; Albert-Seifried S.; Nielsen M. M.; Schroeder B.; Anthopoulos T. D.; Heeney M.; McCulloch I.; Sirringhaus H. High-Performance Ambipolar Diketopyrrolopyrrole-Thieno[3,2-b]thiophene Copolymer Field-Effect Transistors with Balanced Hole and Electron Mobility. Adv. Mater. 2012, 24, 647-652.

[23] Kim H. S.; Huseynova G.; Noh Y.-Y.; Hwang D.-H. Modulation of Majority Charge Carrier from Hole to Electron by Incorporation of Cyano Groups in Diketopyrrolopyrrole-Based Polymers [23]Kim H. S.; Huseynova G.; Noh Y.-Y.; Hwang D.-H. Makromolekuły 2017, 50, 7550.

24] Roh J.; Lee T.; Kang C.; Kwak J.; Lang P.; Horowitz G.; Kim H.; Lee C. Injection-Modulated Polarity Conversion by Charge Carrier Density Control via a Self-Assembled Monolayer for All-Solution-Processed Organic Field-Effect Transistors. Sci. Rep. 2017, 7, 46365.

[25] Long D. X.; Choi E.-Y.; Noh Y.-Y. Nanocząsteczka tlenku manganu jako nowy dopant p-Type do wysokosprawnych polimerowych tranzystorów polimerowych. ACS Appl. Mater. Interfejsy 2017, 9(29), 24763-24770.

[26] Luo H.; Yu C.; Liu Z.; Guanxin Z.; Geng H.; Yi Y.; Broch K.; Hu Y.; Sadhanala A.; Jiang L.; Qi P.; Cai Z.; Sirringhaus H.; Zhang D. Remarkable Enhancement of Charge Carrier Mobility of Conjugated Polymer Field-Effect Transistors upon Incorporating an Ionic Additive. Science Advances, 2(5), e1600076.

[27] Djurovich P. I.; Mayo E. I.; Forest S. R.; Thompson M. E. Measurement of the Lowoccupied Moleccular Orbital Energies of Molecular Organic Semiconductors. Organic Electronics, 10 (2009) 515-520.

D'Andrade B. W.; Datta S.; Forrest S. R.; Djurovich P.; Polikarpov E.; Thompson M. E. Relationship between the Ionization and Oxidation Potentials of Molecular Organic Semiconductors. Org. Electronics 6 (2005) 11-20.

[29] Koch V. R.; Dominey L. A.; Nanjundiah C.; Ondrechen M. J. The Intrinsic Anodic Stability of Several Anions Comprising Solvent-Free Ionic Liquids. J. Electrochem. Soc. 1996, 143(3), 798-803.

Buijs W.; Witkamp G.-J.; Kroon M. C. Korelacja pomiędzy Energiami LUMO obliczonymi ilościowo a Oknem Elektrochemicznym Cieczy Jonowych z Anionami Redukującymi-Odpornymi. International Journal of Electrochemistry, 2012, 589050.

Ghiggino K. P. Progress in Pacific Polymer Science 3: Proceedings of the Third Pacific Polymer Conference Gold Coast, Queensland, *13-17* grudnia *1993,* Springer Science & Business Media, 2012.

[32] Rani P.; Dubey G. S., Jindal V. K. DFT Study of Optical Properties of Pure and Doped Graphene. Physica, E 62 (2014) 28-35.

[33] Xu Y.; Sun H.; Shin E.-Y.; Lin Y.-F.; Li W.; Noh Y.-Y. Planar-Processed Polymer Transistors. Adv. Mater. 2016, 28, 8531-8537.

[34] Lussem B.; Keum C.-M.; Kasemann D.; Naab B.; Bao Z.; Leo K. Doped Organic Semiconductors. Chem. Rev. 2016, 116, 13714-13751.

[35] Xu Y.; Benwadih M.; Gwoziecki R.; Coppard R.; Minari T.; Liu C.; Tsukagoshi K.; Chroboczek J.; Balestra F.; Ghibaudo G. Mobilność przewoźnika w organicznych tranzystorach polowych. J. Appl. Phys. 110, 104513 (2011).

Zhou T.-C.; Chen G.; Liao R.-J.; Xu Z. Charge Trapping and Detrapping in Polymeric Materials: Parametry uwięzienia. J. Appl. Phys. 110, 043724 (2011).

[37] Kim C. S.; Lee S.; Tinker L. L.; Bernhard S.; Loo Y.-L. Cobaltecene-Doped Viologen as Functional Components in Organic Electronics. Chem. Mat. 2009, 21, 4583-4588.

[38] Lüssem B.; Riede M.; Leo K. Doping organicznych półprzewodników. Phys. Status Solidi A 210, No. 1 (2013).

[39] Mendez H.; Heimel G.; Winkler S.; Frisch J.; Opitz A.; Sauer K.; Wegner B.; Oehzelt M.; Rothel C.; Duhm S.; Tobbens D.; Koch N.; Salzmann I. Charge-Transfer Crystallites as Molecular Electrical Dopants. Nat. Gmina. 2015, 6, 8560.

[40] Joo B.; Kim E. G. Controlled Electrical Doping of Organic Semiconductors: a Combined Intra- and Intermolecular Perspective from First Principles. Chemia fizyczna. Chem. Phys., 2016, 18, 17890.

[41] Di Nuzzo D.; Fontanesi C.; Jones R.; Allard S.; Dumsch I.; Scherf U.; Von Hauff E.; Schumacher S.; Da Como E. How Intermolecular Geometrical Disorder Affects the Molecular Doping of Donor-Acceptor Copolymers, Nat. Commun. 2015, 6, 6460.

42] Wang H.; Wei P.; Li Y.; Han J.; Lee H. R.; Naab B. D.; Liu N.; Wang C.; Adijanto E.; Tee B. C.-K.; Morishita S.; Li Q.; Gao Y.; Cui Y.; Bao Z. Strojenie napięcia progowego węglowych tranzystorów nanorurkowych za pomocą N-Type Molecular Doping for Robust and Flexible Complementary Circuits. PNAS 2014, 111(13): 4776-4781.

ROZDZIAŁ 5

DOPINGOWANIE TRANZYSTORÓW POLIMEROWYCH CIENKOWARSTWOWYCH BENZOESANEM LITU

W tym rozdziale omówimy aktywność dopingującą soli organicznej litu kwasem benzoesowym - benzoesanem litu (LB). Jest to krystalicznie biały związek o wzorze molekularnym C6H5COOLi. Ze względu na jego zasadowy charakter Lewisa [1], LB został zastosowany w organicznych urządzeniach elektroluminescencyjnych do wzmacniania iniekcji elektronów. Chimed G. i wsp. stosowali go jako jeden z trzech różnych materiałów łączących katody, z których dwa pozostałe to fluorek litu i octan litu, i doszli do wniosku, że urządzenia zawierające LB osiągnęły najlepszą wydajność spośród wszystkich badanych urządzeń. Uznali oni, że poprawa ta wynika z ograniczenia przez LB funkcji obróbki metalu z katody [2]. Inna grupa naukowców wypróbowała LB do modyfikacji powierzchni elektrod w akumulatorach litowo-jonowych, aby uzyskać lepsze ładowanie i przenoszenie masy na złączu. Pan i wsp. osiągnęli stabilne i zwarte tworzenie stałej warstwy interfejsu elektrolitu poprzez kowalencyjne wiązanie aromatycznych wielowarstwowych elektrolitów LB na powierzchni grafitu. W rezultacie powierzchnia grafitu modyfikowanego przez LB wykazała doskonałe właściwości elektrochemiczne dla zastosowania jako materiał anodowy dla baterii litowo-jonowych [3]. Ponadto, ta wydajna baza Lewisa dobrze rozpuszcza się w niektórych rozpuszczalnikach organicznych, takich jak metanol i etanol.

W naszej pracy zastosowaliśmy LB jako warstwę międzywarstwową/wtryskową (IL) pomiędzy stykami źródłowymi i drenażowymi oraz półprzewodniki organiczne do wzmocnionego wtrysku elektronów, a także jako domieszkę w systemie single-blend do tworzenia domieszkowanych folii polimerowych. W obu przypadkach LB działał jako skuteczny domieszka typu n we wszystkich badanych urządzeniach OFET opartych na pięciu różnych półprzewodnikowych polimerach, które zawierają powszechnie stosowany ambipolarny sprzężony polimer typu p z dominującym diketopirrolopirerolem-tieno[3],2-b]tiofen (DPPT-TT) [4] oraz cztery niedawno zsyntetyzowane, wysokosprawne, ambipolarne polimery sprzężone, z których dwa są typu p dominującego Poly{2,5-bis(2-dodecyloheksadecylo)-3,6-di(tiofen-2-ylo)pirolo-[3,4-c]pirolo-1,4(2H,5H)-dione-alt-(E)-1,2-bis(tiofen-2-ylo)-eten} (2DPP-TVT) i poli{2,5-bis(7-dodecylofenikozylo)-3,6-di(tiofen-2-

ylo)pirolo-[3,4-c]pirolo-1,4(2H,5H)-diono-alt-(E)-1,2-bis(tiofen-2-ylo)-ethene} (7DPP-TVT), a pozostałe dwa są poli{2,5-bis(2-dodecyloheksadecylo)-3,6-di(tiofen-2-ylo)pirolo-[3,4-c]pirolo-1,4(2H,5H)-dione-alt-(E)-1,2-bis(3-cyjanotiofen-2-ylo)eten} z dominacją typu n. (2DPP-2CNTVT) i poli{2,5-bis(7-dodecylofenikozylo)-3,6-di(tiofen-2-ylo)pirolo-[3,4-c]pirolo-1,4(2H,5H)-diono-alt-(E)-1,2-bis(3-cyjanotiofen-2-ylo)eten (7DPP-2CNTVT) [5]. Wszystkie pięć polimerów to kopolimery typu Donor-Acceptor, które mają jeszcze dwie wspólne cechy, do których zalicza się zespół diketopirrolopirylu (DPP) w zachowaniu szkieletu i tranzystora ambipolarnego przy zastosowaniu do OFET.

W celu zbadania zmian w transporcie wsadowym, a mianowicie w transporcie n-kanałowym, badanego OFET-u zastosowano domieszkowane folie jednowarstwowe (układ mieszanin) i dwuwarstwowe (LB IL + warstwa polimeru) jako warstwy aktywne dla zetknięcia dolnego górnego styku bramki (TG/BC) OFET-u z dielektrykiem poli(metakrylanu metylu) (PMMA). Na rys. 50 przedstawiono strukturę molekularną i aparaturową zastosowaną w tej pracy.

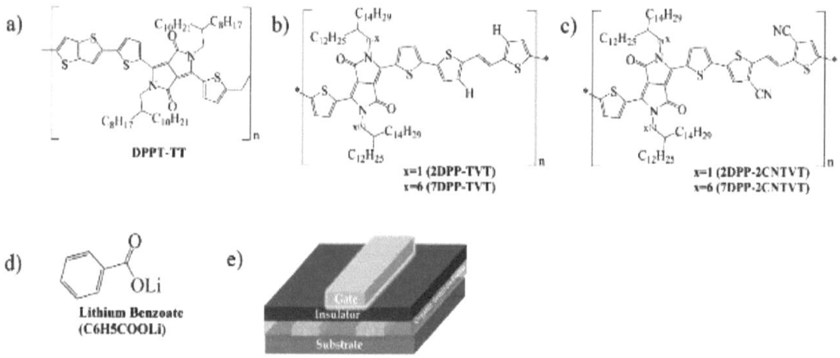

Rysunek 50. Budowa chemiczna stosowanych sprzężonych polimerów (a) Diketopiroloopirrolopirylo-3ieno[3,2-b]tiofen (DPPT-TT) (b) Poli{2,5-bis(2-dodecyloheksadecylo)-3,6-di(tiofen-2-ylo)pirolo-[3,4-c]pirolo-1,4(2H,5H)-dione-alt-(E)-1,2-bis(tiofen-2-ylo)-eten} (2DPP-TVT) i poli{2,5-bis(7-dodecylofenikozylo)-3,6-di(tiofen-2-ylo)pirolo-[3,4-c]pirolo-1,4(2H,5H)-diono-alt-(E)-1,2-bis(tiofen-2-ylo)-ethene} (7DPP-TVT), c) poli{2,5-bis(2-dodecyloheksadecylo)-3,6-di(tiofen-2-yl)pirolo-[3,4-c]pirolo-1,4(2H,5H)-dione-alt-(E)-1,2-bis(3-cyjanotiofen-2-yl)eten} (2DPP-2CNTVT) i poli{2,5-bis(7-

dodecylofenikozylo)-3,6-di(tiofen-2-ylo)pirolo-[3,4-c]pirolo-1,4(2H,5H)-diono-alt-(E)-1,2-bis(3-cyjanotiofen-2-ylo)eten (7DPP-2CNTVT) *(X w konstrukcjach przedstawionych w lit. b) i c) odnosi się odpowiednio do liczby i pozycji łańcuchów bocznych dodecyloheksadecylu (2DPP-TVT, 2DPP-2CNTVT) i dodecylohenicocylu (7DPP-TVT, 7DPP-2CNTVT).)* oraz cząsteczka domieszki d) Benzoesan litu (LB), a także e) zastosowana struktura OFET.

5.1. DOPING KONTAKTOWY I FOLIOWY PTFTS

LB stosowano jako warstwę wtryskową elektronów na źródłach złota i elektrodach spustowych poprzez osadzanie z obróbki roztworu i odparowywanie termiczne prowadzące do znacznego polepszenia transportu elektronów we wszystkich badanych urządzeniach. W OFETach wykazano poprawę n-kanałowego współczynnika włączania/wyłączania oraz mobilności nośnika ładunku w wyniku wbudowania LB do urządzeń. Międzyfazową strukturę elektroniczną zmodyfikowanych przez LB styków złota zbadano za pomocą ultrafioletowej spektroskopii fotoelektronowej (UPS), która wykazała spadek napięcia eV o 0,72 eV w funkcji pracy zmodyfikowanych metalowych elektrod w porównaniu z elektrodami o gołej powierzchni. To obniżenie funkcji pracy złota następuje najprawdopodobniej w wyniku przeniesienia elektronów z elektrod LB na elektrody złote i prowadzi do znacznego obniżenia bariery wtrysku elektronów do polimerów z metalu o wysokiej funkcji pracy, styków złota. W wyniku tego ruchliwość elektronów w ambipolarnych tranzystorach DPPT-TT typu p wzrosła z ~10-3 cm2V-1s-1 do ~10-1 cm2 V-1 s-1. Podobną pracę wykonał B. Bröker i wsp. dla ograniczenia funkcji pracy złota poprzez przeniesienie elektronów z dawcy cząsteczki organicznej na powierzchnię metalu [6]. Stosunek prądu włączenia/wyłączenia w kanale n został również znacząco poprawiony we wszystkich urządzeniach z wbudowanym LB na bazie pięciu różnych polimerów ze względu na zmniejszone wyłączenie (wytłumienie otworów) i zwiększony na prądach. Rys. 51 i tabela 7 przedstawiają wyniki pomiarów UPS dla funkcji pracy w złocie przed i po wbudowaniu LB.

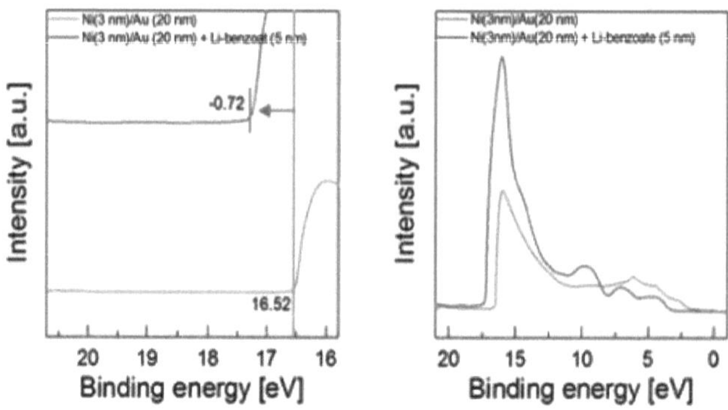

Rysunek 51. Widma fotoelektronowej spektroskopii ultrafioletowej (UPS) dla gołych i modyfikowanych LB złotych powierzchni.

W wyniku redukcji funkcji pracy zmodyfikowanych elektrod złota znacznie zredukowano również barierę wtrysku elektronów (patrz tabela 7). Barierę dla wtrysku elektronów oszacowano po prostu na podstawie różnicy między funkcją pracy elektrod metalowych a krawędzią LUMO (~ ujemne wartości powinowactwa elektronów (EA)) polimerów (odpowiednio -4,07, -4,18, -4,10, -3,78 i -3,76 eV dla DPPT-TT, 2DPP-2CNTVT, 7DPP-2CNTVT, 2DPP-TVT i 7DPP-TVT) [5, 7].

Tabela 7. Wartości funkcji roboczych gołych i pokrytych elektrodami złotymi LB oraz wartości bariery dla wtrysku elektronów pomiędzy polimerami i złotymi elektrodami.

Materiał elektrodowy	**Funkcja pracy (eV)**	**Bariera chroniąca przed wtryskiem elektronów (eV)**				
		DPPT-TT	**2DPP-2CNTVT**	**7DPP-2CNTVT**	**2DPP-TVT**	**7DPP-TVT**
złoto o grubości 20 nm na warstwie przyczepności niklu o grubości 3 nm	4.74	0.67	0.56	0.64	0.96	0.98
złoto o grubości 20nm (na warstwie przyczepności niklu o grubości 3nm) z warstwą wtryskową LB o grubości 5nm na jej powierzchni	4.02	0.05	0.16	0.08	0.24	0.26

5.1.1. 5.1.1. Wyniki i dyskusja

LB został wybrany jako domieszka typu n i warstwa wtryskowa elektronów ze względu na jego dobroczynny charakter Lewisa. Wszystkie pięć polimerów wykazało zwiększone wtryskiwanie elektronów po wprowadzeniu LB do struktury. Jednak ich reakcja na doping LB poprzez roztwór lub warstwę iniekcyjną była nieco inna, prawdopodobnie ze względu na ich wewnętrzne właściwości strukturalne i elektryczne.

DPPT-TT miał najlepszą odpowiedź na domieszkę, która nie była niespodziewana, ponieważ polimer ten zwykle wykazuje doskonałą interakcję z domieszkami [8-10]. A ponieważ ich roztwory były dobrze mieszalne ze względu na dobrą mieszalność O-Dichlorobenzenu, rozpuszczalnika DPPT-TT, z etanolem [11, 12], który został użyty jako rozpuszczalnik LB, LB został włączony zarówno jako domieszka w układzie pojedynczej mieszaniny w stosunku objętościowym DPPT-TT:LB 10:1, jak i jako warstwa iniekcyjna na elektrodzie źródłowej i drenażowej. W przypadku DPPT-TT OFETÓW, LB IL osadzał się zarówno poprzez obróbkę roztworu, jak i odparowanie termiczne.

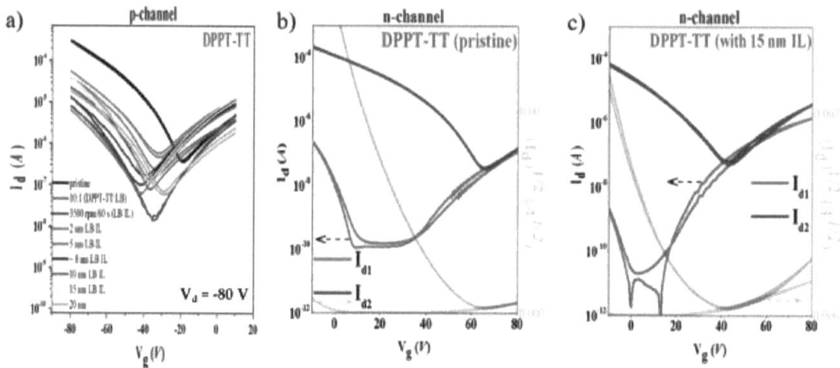

Rysunek 52. Charakterystyka transferu nieskazitelnego i LB zawierającego DPPT-TT OFETÓW (L=10 μm) w lit. a) p-i b), c) n-kanałowego transportu. Id1 i Id2 to prądy drenarskie w reżimach liniowych (Vd = 10 V) i nasycenia (Vd = 80 V), odpowiednio.

Jak wynika z rys. 52 i 53, zarówno w przypadku odlewanego i odparowywanego termicznie LB IL, jak i w przypadkach domieszkowania mieszaninami, DPPT-TT wykazywał zwiększony transport elektronów z domieszką LB, co niewątpliwie wynikało ze zmniejszenia bariery wtrysku elektronów wynikającej z obniżenia funkcji pracy styków złota poprzez transfer elektronów z LB do złota w przypadku LB IL na elektrodach źródłowych i spustowych złota, a także z transferu elektronów z LB bezpośrednio do polimeru w przypadku przetwarzania roztworu mieszanki.

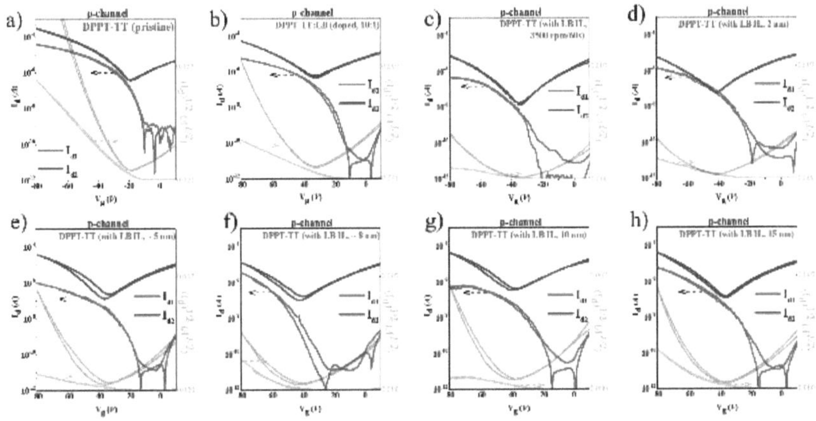

Rysunek 53. Indywidualna charakterystyka przenoszenia dla nieskazitelnie czystych (a) i LB zawierających DPPT-TT OFETÓW (L=10 µm): b) z domieszką (stosunek objętości 10:1, system mieszania roztworu) i z warstwami wtryskowymi LB (IL) c) powlekanymi wirówką z roztworu przy 3500 obr/min przez 60 s i termicznie odparowywanymi ze stanu stałego do postaci d) 2-nm, e) 5-nm, f) ~8-nm, g) 10-nm, oraz h) warstw wtryskowych o grubości 15-nm. Id1 i Id2 to prądy drenarskie w reżimach liniowych (Vd = -10 V) i nasycenia (Vd = -80 V), odpowiednio.

LB, jako domieszka przetworzona w roztworze oraz jako międzywarstwa o grubości do 15 nm, okazał się korzystny dla urządzeń DPPT-TT. Poziom prądu n-kanałowego zwiększył się o około dwie wielkości rzędu w porównaniu z nieskazitelnie czystymi urządzeniami DPPT-TT. Wynika to również z charakterystyki wyjściowej nieskazitelnie czystych i LB zawierających DPPT-TT TFT (Rys. 54). Zwiększyła się także ruchliwość elektronów z nieskazitelnych wartości 0,008-0,01 cm2/V-1s-1 do 0,1 cm2/V-1s-1 w układzie roztworu jednomieszankowego oraz do 0,15 cm2/V-1s-1 w przypadku warstw iniekcyjnych (tab. 8). Temu wzmocnieniu transportu elektronów towarzyszyło tłumienie równoczesnego transportu elektronów w otworach, którego oczekiwano w wyniku połączenia i anulowania niektórych iskrobezpiecznych otworów z niektórymi dodatkowymi elektronami dodawanymi przez domieszkę. Niemniej jednak, zwiększenie grubości warstwy LB do 20 nm tylko pogorszyło wydajność obu kanałów (patrz rys. 52 a)).

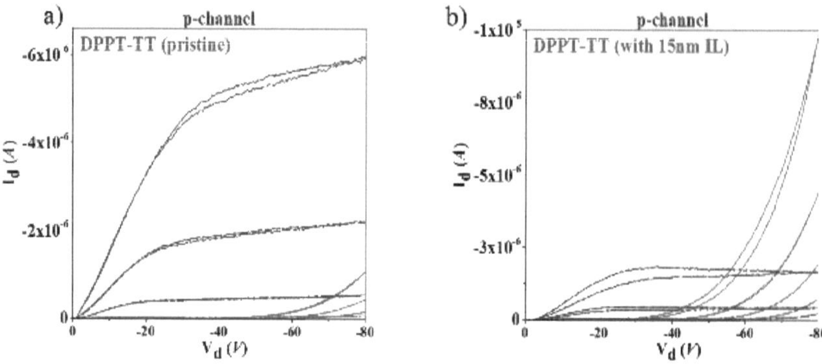

Rysunek 54. Charakterystyka wyjściowa nieskazitelnie czystego a) i LB o grubości 15 nm zawierającego b) DPPT-TT OFETÓW (L=10 μm).

W przypadku 2DPP-2CNTVT i 7DPP-2CNTVT, które są ambipolarnymi polimerami z dominacją typu n, OFET wykazywał znacznie lepsze współczynniki prądu włączenia/wyłączenia ze względu na zmniejszony poziom prądu wyłączenia w urządzeniach z LB IL. Ruchliwość elektronów w tych urządzeniach z warstwą LB lub bez, wahała się wokół prawie tych samych wartości. Prawdopodobnie wynika to z faktu, że nadmiar elektronów dostarczanych przez warstwę domieszkową był sekwencyjnie eliminowany dzięki połączeniu z otworami dostępnymi w wewnętrznych strukturach polimerowych, aż do momentu, gdy Coulombowskie przyciąganie pomiędzy nośnikami mniejszościowymi i dodanymi elektronami osiągnęło równowagę. Charakterystyka transferu urządzeń opartych na tych polimerach, które ostatecznie po wbudowaniu LB stały się unipolarne typu n, również potwierdza to założenie. A ponieważ ich roztwory były słabo mieszalne ze względu na oszczędną mieszalność 1,2,4-trichlorobenzenu, rozpuszczalnika 2DPP-2CNTVT i 7DPP-2CNTVT, z etanolem [13, 14], który był stosowany jako rozpuszczalnik LB, uzyskanie jednorodnych, domieszkowanych folii było trudne. Dlatego też LB stosowano jedynie jako warstwę iniekcyjną osadzającą się poprzez termiczne odparowanie na styku źródła i spustu.

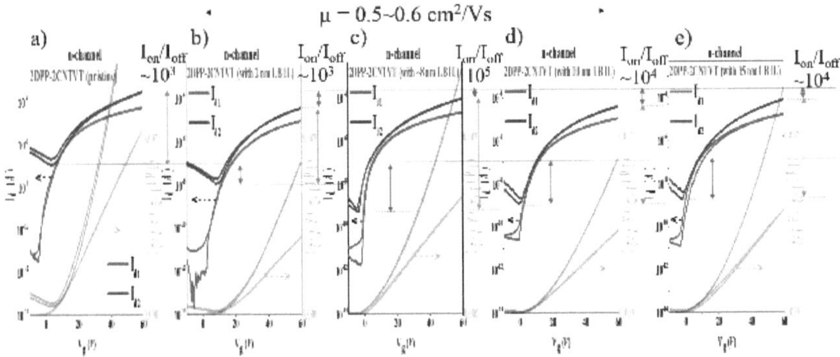

Rysunek 55. Charakterystyka przenoszenia 2DPP-2CNTVT OFETÓW (L=50 μm) w nieskazitelnej (a) i LB wbudowanej postaci z warstwami iniekcyjnymi LB (IL) odparowanymi termicznie ze stanu stałego do postaci (b) 2-nm, (c) ~8-nm, (d) 10-nm, oraz (e) 15-nm grubości warstw iniekcyjnych. Id1 i Id2 to prądy drenarskie w reżimach liniowych (Vd = 10 V) i nasycenia (Vd = 60 V), odpowiednio.

Rys. 55 przedstawia charakterystykę transferu 2DPP-2CNTVT OFETów. Jak widać, warstwa LB o grubości 2nm nie była skuteczna jako domieszka do polimeru i prowadziła do proporcjonalnego zmniejszenia prądów włączenia i wyłączenia, co z kolei powodowało niezmieniony stosunek prądu włączenia do prądu wyłączenia w porównaniu z nieskazitelnie czystymi urządzeniami. Ruchliwość elektronów również nieznacznie zmniejszyła się w niektórych urządzeniach z LB IL o grubości 2nm. Zakładamy, że efekt ten jest spowodowany tym, że warstwy LB o mniejszej grubości, a mianowicie o grubości 2nm, właśnie wprowadziły międzyfazowe stany pułapki pomiędzy elektrodami kontaktowymi a aktywną warstwą polimerową, które powodują ten niewielki spadek wydajności urządzenia. Jednak zwiększenie grubości warstwy LB do około 8 (dokładnie 7,8 nm) spowodowało większy spadek prądu wyłączenia i niemalże przywrócenie stanu wyjściowego. W rezultacie stosunek prądu wyłączenia do prądu wzrósł o dwie wielkości w urządzeniach o grubości LB IL ~8 nm ze względu na duży spadek prądu wyłączenia. Odzyskano również ruchliwość elektronów, a nawet wykazano niewielki wzrost w porównaniu z nieskazitelnie czystymi urządzeniami. W związku z tym p-kanał został całkowicie stłumiony. Dalszy wzrost grubości warstwy LB do 10 i 15 nm, doprowadził do zauważalnego spadku poziomu prądu włączenia i niewielkiego wzrostu prądu wyłączenia, co spowodowało w przybliżeniu jedną wielkość redukcji rzędu w stosunku do urządzeń z warstwą LB ~8 nm. Jednak wydajność tych urządzeń o grubości 10 i 15 nm LB IL z wbudowanym OFET-em była nadal wyższa niż nieskazitelnego lub 2 nm LB IL z tranzystorami pod względem stosunku prądu włączenia do prądu wyłączenia i ruchliwości elektronów.

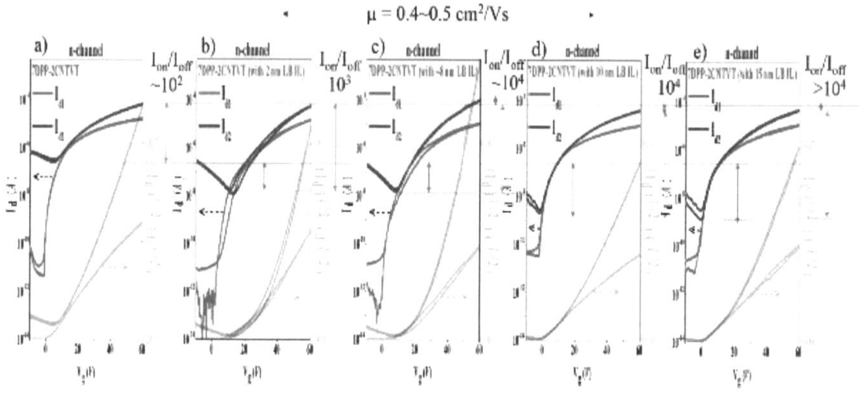

Rysunek 56. Charakterystyka przenoszenia 7DPP-2CNTVT OFETÓW (L=50 μm) w nieskazitelnej (a) i LB wbudowanej postaci z warstwami iniekcyjnymi LB (IL) odparowanymi termicznie ze stanu stałego do postaci (b) 2-nm, (c) ~8-nm, (d) 10-nm, oraz (e) 15-nm grubości warstw iniekcyjnych. $_{Id1}$ i $_{Id2}$ to prądy drenarskie w reżimach liniowych (Vd = 10 V) i nasycenia (Vd = 60 V), odpowiednio.

Rys. 56 przedstawia charakterystykę transferu 7DPP-2CNTVT OFETów. W odróżnieniu od urządzeń 2DPP-2CNTVT, warstwa LB o grubości 2nm nie obniżyła poziomu prądu włączenia, ale obniżyła poziom prądu wyłączenia i stosunek prądu włączenia do prądu wyłączenia, co z kolei zwiększyło wielkość rzędu w porównaniu z urządzeniami nieskazitelnymi. Ruchliwość elektronów nie uległa znacznemu pogorszeniu, chociaż w niektórych OFETach z LB IL o grubości 2nm zaobserwowano niewielki spadek. Dalszy wzrost grubości warstwy LB do ~8, 10 i 15 nm spowodował znaczny spadek prądu wyłączenia i nieznaczny spadek poziomu prądu w stanie włączonym. W przypadku LB IL o grubości ~8 nm, na poziomie prądu, przeciwnie, wystąpił nieznaczny wzrost (rys. 56 (c)). W urządzeniach tych stosunek prądu włączenia do prądu wyłączenia wzrósł o około dwie wielkości w stosunku do nieskazitelnego

OFETu z powodu tego dużego spadku prądu wyłączenia. Ruchliwość elektronów również nieznacznie wzrosła w porównaniu z nieskazitelnie czystymi urządzeniami (patrz Tabela 8). I tak jak w przypadku 2DPP-2CNTVT OFETów, p-kanał został całkowicie wytłumiony w LB wbudowanych OFETów.

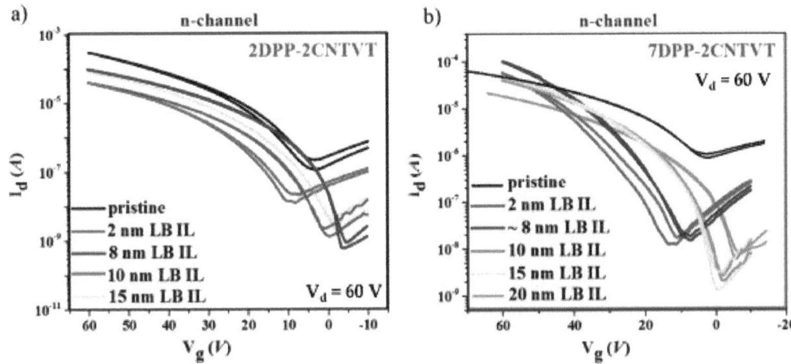

Rysunek 57. Porównanie krzywych przesyłu nasycenia nieskazitelnych i LB-owych OFETów (L=50 μm) na podstawie (a) 2DPP-2CNTVT i (b) 7DPP-2CNTVT polimerów.

Na rys. 57 porównano podobieństwa i różnice w charakterystykach transferu 2DPP-2CNTVT i 7DPP-2CNTVT OFETów. Jest oczywiste, że w odróżnieniu od 7DPP-2CNTVT zwiększenie grubości LB IL z ~8 nm do 10 lub 15 nm nie przyczyniło się do poprawy parametrów tranzystorowych urządzeń 2DPP-2CNTVT. Zwiększenie grubości do 20 nm miało również niekorzystny wpływ na urządzenia 7DPP-2CNTVT. Wyraźnie widoczne jest również przesunięcie napięcia progowego zależne od grubości warstwy LB.

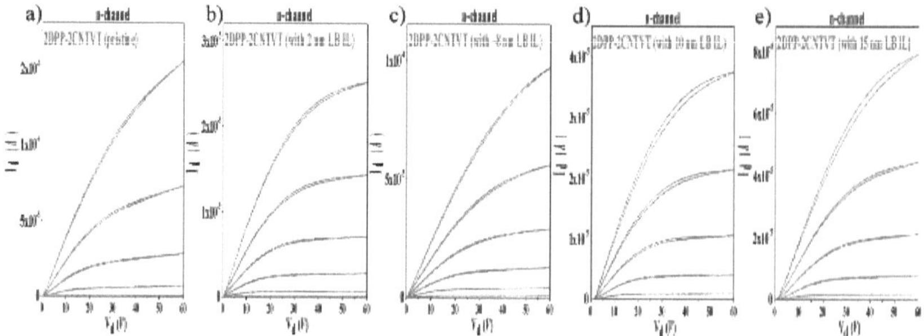

Rysunek 58. Charakterystyka wyjściowa nieskazitelnych (a) i 2-nm (b), ~8-nm (c), 10-nm (d), 15-nm (e) grubych LB IL włączonych (poprzez termiczne odparowanie ze stanu stałego) 2DPP-2CNTVT OFETÓW (L=50 μm).

Rys. 58 przedstawia charakterystykę wyjściową nieskazitelnego i LB IL z wbudowanym 2DPP-2CNTVT OFET-em. Napięcie od źródła do źródła było zmieniane w zakresie od 0 do +60 V, natomiast napięcie od źródła do źródła zmienia się stopniowo od 0 do +60 V z krokiem +10 V. Nieskazitelnie czyste urządzenia charakteryzują się nieco wyższymi prądami wyjściowymi, które nie nasycają się w danym zakresie napięć, natomiast OFETy z LB-em charakteryzują się lepszym nasyceniem prądu drenarskiego. Ostre krzywe nasycenia wyjściowych prądów drenarskich w nieskazitelnych urządzeniach 2DPP-2CNTVT wynikają najprawdopodobniej z niedostatecznej iniekcji, która zazwyczaj jest spowodowana wysokimi oporami stykowymi [15, 16]. Efekt ten zostaje złagodzony po włączeniu LB, co wynika z wyraźnych przebiegów liniowych i nasycenia w charakterystykach wyjściowych pokrewnych urządzeń.

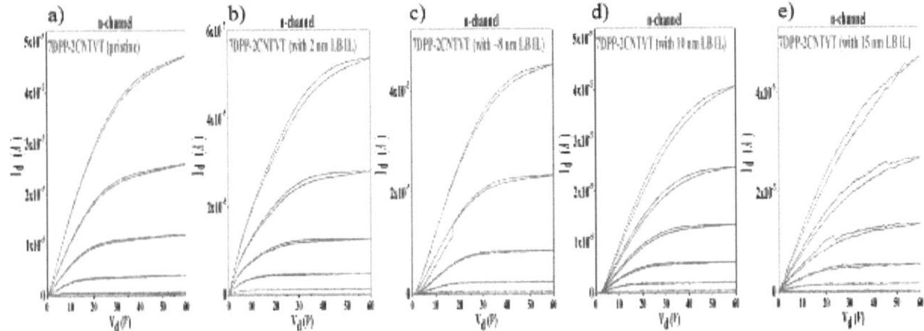

Rysunek 59. Charakterystyka wyjściowa nieskazitelnych (a) i 2nm (b), ~8-nm (c), 10-nm (d), 15-nm (e) grubych LB IL włączonych (poprzez termiczne odparowanie ze stanu stałego) 7DPP-2CNTVT OFETÓW (L=50 µm).

Rys. 59 przedstawia charakterystykę wyjściową nieskazitelnego i LB IL z wbudowanym 7DPP-2CNTVT OFET-em. W tym przypadku napięcie pomiędzy źródłami zostało również zmienione z 0 do +60 V, natomiast napięcie pomiędzy źródłami zmienia się stopniowo od 0 do +60 V z krokiem +10 V. Urządzenia wykazują charakterystykę wyjściową zgodną z charakterystyką przenoszenia z ulepszonymi prądami drenarskimi w LB wbudowanych OFETów w porównaniu z nieskazitelnymi.

W przypadku 2DPP-TVT i 7DPP-TVT, które są dominującymi polimerami ambipolarnymi typu p, urządzenia OFET wykazywały wyraźnie zwiększony transport elektronów z międzywarstwami LB dzięki redukcji bariery wtrysku elektronów. Ich roztwory były słabo mieszalne z rozpuszczalnikiem LB, ponieważ do ich rozpuszczenia użyto również 1,2,4-trichlorobenzenu, ze względu na najlepszą interakcję rozpuszczalnika i polimerów z tym rozpuszczalnikiem. Dlatego również w tym przypadku LB stosowano jedynie jako warstwę wtryskową osadzającą się w wyniku odparowania termicznego na styku źródła i spustu. W przeciwieństwie do wyżej wymienionych 3 polimerów, LB IL uaktywnił się jako skuteczna warstwa iniekcyjna do transportu elektronów dopiero po osiągnięciu grubości międzywarstwowej 10 nm.

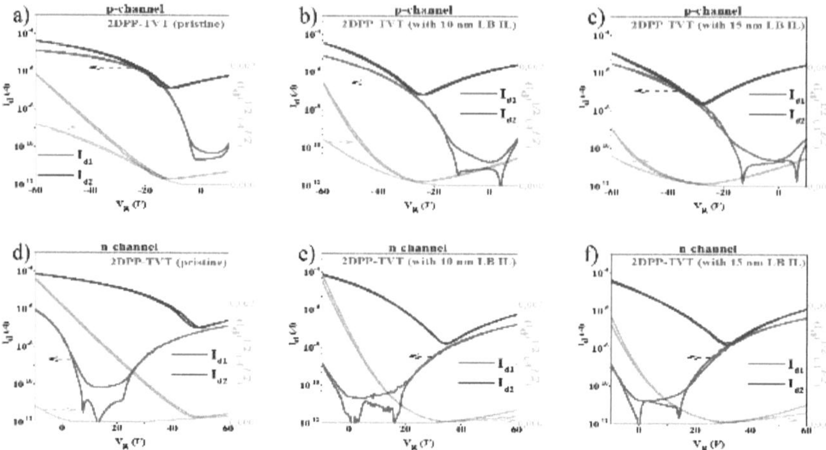

Rysunek 60. P- a), b), c) oraz n-kanał d), e), f) charakterystyka przenoszenia nieskazitelnej (a, d), 10-nm (b, e) oraz 15nm grubości LB IL włączonego (c, f), odpowiednio 2DPP-TVT OFETÓW (L=10 μm). Id1 i Id2 to prądy drenarskie w reżimach liniowych (Vd = -10 V) i nasycenia (Vd = -60 V), odpowiednio.

Jak wynika z Rys. 60, współczynnik prądu włączenia/wyłączenia w n-kanale został zwiększony o rząd wielkości ze względu na zmniejszenie prądu wyłączenia i zwiększenie go na poziomie prądu w urządzeniach 2DPP-TVT z LB IL. Ruchliwość elektronowa tych urządzeń poprawiła się również do wartości 0,009-0,01 od nieskazitelnego 0,006-0,007 cm2/V-1s-1. W rezultacie wydajność p-kanałowa uległa niewielkiemu pogorszeniu w wyniku częściowej rekombinacji i rezygnacji z nośników ładunków samoistnych (otworów) z dodatkiem dodatkowych elektronów.

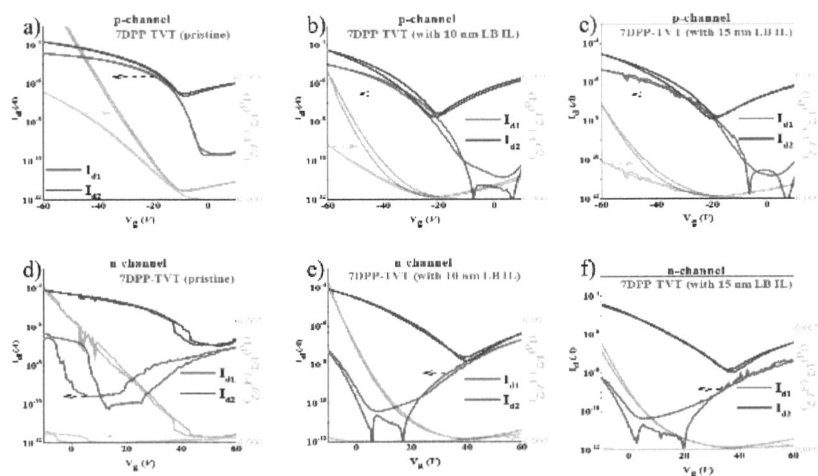

Rysunek 61. P- a), b), c), oraz n-kanał d), e), f) charakterystyka przenoszenia nieskazitelnej (a, d), 10-nm (b, e) oraz 15nm grubości LB IL włączonego (c, f) odpowiednio 7DPP-TVT OFETÓW (L=10 μm). Id1 i Id2 to prądy drenarskie w reżimach liniowych (Vd = -10 V) i nasycenia (Vd = -60 V), odpowiednio.

Rys. 61 przedstawia charakterystykę transferu nieskazitelnego i LB wbudowanego 7DPP-TVT OFETów. W tym przypadku współczynnik prądu włączenia/wyłączenia w kanale n zwiększył się również o rząd wielkości ze względu na zmniejszenie prądu wyłączenia i zwiększenie poziomu prądu w urządzeniach z wbudowanym LB w porównaniu z nieskazitelnie czystym. Ruchliwość elektronów wzrosła z 0,0008-0,0009 do 0,0015 cm2/V-1s-1. W odróżnieniu od 2DPP-TVT, tłumienie p-kanałowe było znaczące w LB wbudowanych 7DPP-TVT OFETów.

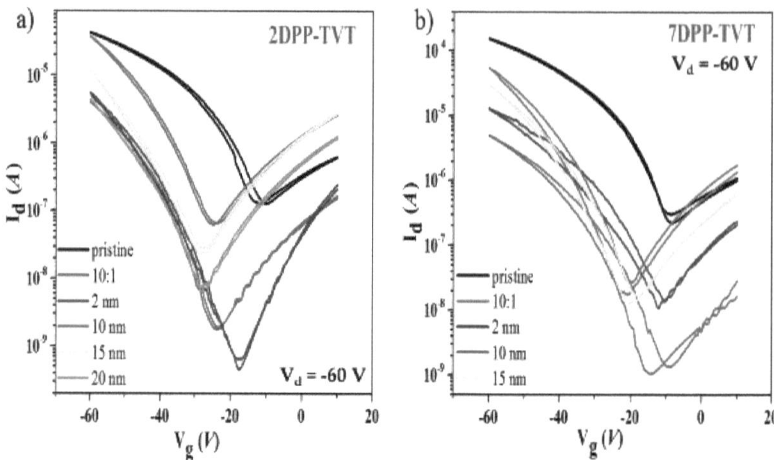

Rysunek 62. Porównanie krzywych przeniesienia nasycenia nieskazitelnie czystych i zawierających LB OFETów (L=10 μm) na podstawie (a) 2DPP-TVT i (b) 7DPP-TVT polimerów.

Na rys. 62 porównano odpowiedź 2DPP-TVT i 7DPP-TVT OFETów na międzywarstwa LB. Jak widać, choć zwiększenie grubości LB IL z 10 nm do 15 nm poprawiło transport elektronów dalej w urządzeniach 2DPP-TVT, to efekt był odwrotny dla 7DPP-TVT OFETów. Na rys. 62 (a) pokazano jednak, że podobnie jak w przypadku DPPT-TT i 7DPP-2CNTVT dalszy wzrost grubości LB do 20 nm również nie był korzystny dla urządzeń 2DPP-TVT.

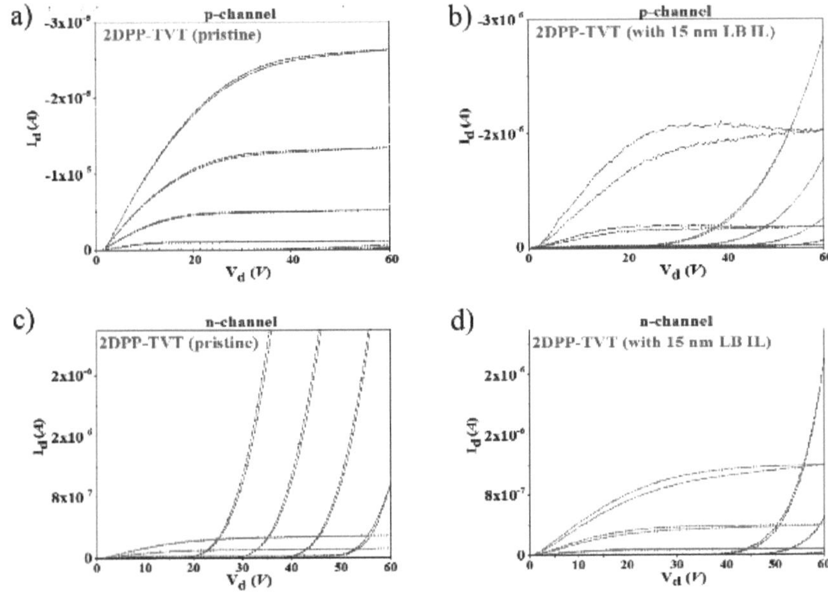

Rysunek 63. Charakterystyka wyjściowa nieskazitelnej (a) i 15-nm (b) grubości LB IL wbudowanego (poprzez termiczne odparowanie ze stanu stałego) 2DPP-TVT OFETÓW (L=10 μm).

Rys. 63 przedstawia charakterystykę wyjściową nieskazitelnie czystych i 15 nm LB IL zawierających 2DPP-TVT OFETów w kanałach p- i n-. W kanale p-kanałowym napięcie między źródłami było zmieniane od 0 do -60 V, natomiast napięcie między źródłami zmieniało się stopniowo od 0 do -60 V z krokiem -10 V, a w kanale n - napięcie między źródłami było zmieniane od 0 do +60 V, natomiast napięcie między źródłami zmieniało się stopniowo od 0 do +60 V z krokiem +10 V. Jak to pokazano na rysunku 63 (a, c), nieskazitelnie czyste urządzenia odznaczają się niemal nieistotnym prądem indukowanym przez elektrony, jaki znacząco zwiększa się w urządzeniach z wbudowanym LB-em (rys. 63 (b, d)).

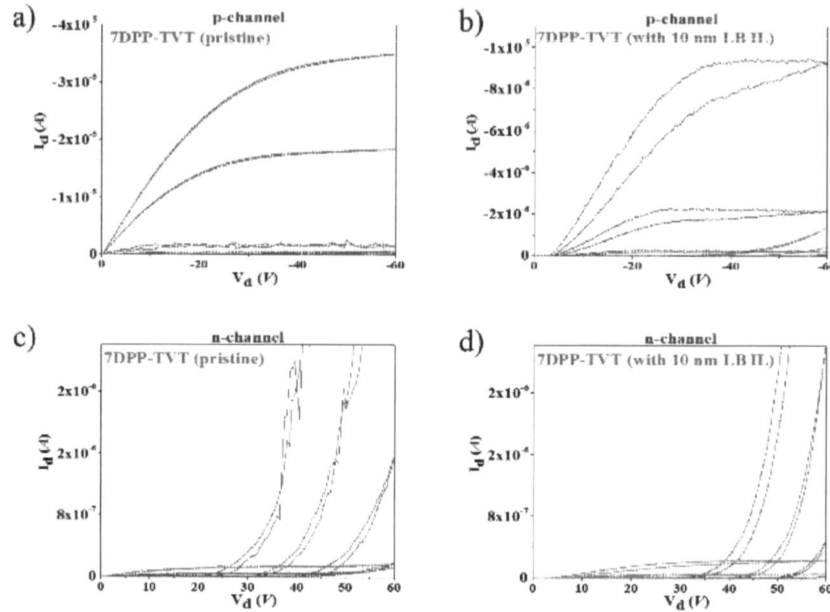

Rysunek 64. Charakterystyka wyjściowa nieskazitelnej (a) i 10-nm (b) grubości LB IL wbudowanego (poprzez termiczne odparowanie ze stanu stałego) 7DPP-TVT OFETÓW (L=10 μm).

Rys. 64 przedstawia charakterystykę wyjściową nieskazitelnych i 10 nm LB IL zawierających 7DPP-TVT OFETów w kanałach p- i n-. Warunki biasu i kontroli napięcia były takie same jak w przypadku 2DPP-TVT OFETów. W nieskazitelnie czystych urządzeniach 7DPP-TVT wtrysk elektronów jest znacznie utrudniony, co widać na rys. 64 (a, c). Jednak międzywarstwa 10 nm LB widocznie łagodzi ten problem (rys. 63 (b, d)).

Poniższa tabela 8 zawiera podsumowanie parametrów pracy tranzystorów, w tym wartości oporności na styk n-kanałowy (Rc) wszystkich pięciu polimerów w ich nieskazitelnej postaci i wbudowanych LB. Jak wynika z wyekstrahowanych wartości Rc, warstwa wtryskowa LB znacznie obniżyła oporność stykową polimeru OFET nawet o dwa rzędy wielkości dla DPPT-TT, sześć razy dla 2DPP-2CNTVT, ponad sześć razy dla 7DPP-2CNTVT, trzy razy dla 2DPP-TVT i rząd wielkości dla urządzeń 7DPP-TVT.

Tabela 8. Parametry tranzystorowe* dla urządzeń z wbudowaną warstwą iniekcyjną nieskazitelną i LB (IL).

Warstwa aktywna	Mobilność dziur (cm2V-1s-1)	Mobilność elektronów (cm2V1s1)	P-kanałowe napięcie progowe (V)	N-kanałowe napięcie progowe (V)	Współczynnik prądu włączenia/wyłączenia (p-channel)	Współczynnik prądu włączenia/wyłączenia (n-kanał)	Rc (Ω·cm) (n-kanał)
DPPT-TT (nieskazitelny)	0.8–1.0	0.008–0.01	-20	–11	103	101	9.77x107
DPPT-TT:LB (10:1)	0.5	0.09-0.1	-44	-21	~103	102	4.92x106
DPPT-TT z LB IL (3500 rpm/min przez 60 s)	0.6	0.1-0.15	-40.1	-24	~103	~103	8.78x105
DPPT-TT z LB IL (2 nm, odparowany termicznie)	0.1-0.3	0.05-0.09	-48.5	-32	~103	~103	1.78x106
DPPT-TT z LB IL (5 nm, odparowany termicznie)	0.3	0.1	-41.3	-23.1	~103	~102	1.48x107
DPPT-TT z LB IL (8 nm, odparow	0.3	0.09-0.1	-49	–34	102	102	8.86x105

any termicznie)							
DPPT-TT z LB IL (10 nm, odparowany termicznie)	0.2	0.05-0.1	-49.8	-23	~102	~102	7.85x105
DPPT-TT z LB IL (15 nm, odparowany termicznie)	0.25	0.05-0.08	-45	-29	102	102	5.82x105
2DPP-2CNTVT (nieskazitelny)	~0.006	0.5	5	18	101	~103	8.8x104
2DPP-2CNTVT z LB IL (2 nm, odparowane termicznie)	~0.004	0.45-0.5	0	15	101	~103	4.02 x104
2DPP-2CNTVT z LB IL (~8 nm, odparowane termicznie)	-	0.5-0.6	-	5	-	105	1.44 x104
2DPP-2CNTV	-	0.56	-	6.6	-	~104	3.29

T z LB IL (10 nm, odparowane termicznie)							x104
2DPP-2CNTVT z LB IL (15 nm, odparowany termicznie)	-	0.5	-	5.2	-	~104	1.7 x104
7DPP-2CNTVT (nieskazitelny)	~0.008	0.4	-3	12	~101	~102	7.6x104
7DPP-2CNTVT z LB IL (2 nm, odparowane termicznie)	~0.008-0.009	0.38-0.4	9	20	101	103	6.16x104
7DPP-2CNTVT z LB IL (~8 nm, odparowane termicznie)	~0.007	0.46	3	14	101	~104	2.01x104
7DPP-2CNTVT z LB IL (10 nm, odparow	-	0.4-0.55	-	4.5	-	104	2.67x104

any termicznie)							
7DPP-2CNTVT z LB IL (15 nm, odparowany termicznie)	-	0.4	-	5	-	>104	1.17x104
2DPP-TVT (nieskazitelny)	0.4-0.6	0.006-0.007	-16	-4	~103	<101	4.09x106
2DPP-TVT z LB IL (10 nm, odparowany termicznie)	0.3-0.4	0.009-0.01	-34.5	-13.5	~103	~102	2.65x106
2DPP-TVT z LB IL (15 nm, odparowany termicznie)	0.2-0.35	0.007-0.01	-33	-18.2	<103	102	1.22x106
7DPP-TVT (nieskazitelny)	0.9-1.5	0.0008-0.0009	-15	-1.6	103	<101	1.14x107
7DPP-TVT z LB IL (10 nm, odparowany termicznie)	0.5-0.7	0.0015	-29	-14	103	102	9.77x106

7DPP-TVT z LB IL (15 nm, odparowany termicznie)	0.3-0.4	~0.0005-0.0006	-25	-12	>103	<102	2.48x106

*Wartość końcowa podana w tabeli 8 jest średnią z wyników ~30 urządzeń mierzonych dla każdego z warunków. Wszystkie wartości zostały pobrane w reżimie nasycenia.

Sprawdziliśmy również stabilność operacyjną międzywarstwa LB wbudowanego w OFET pod ciągłym napięciem bramki. Rys. 65 przedstawia wyniki tego badania. Jak widać, po wbudowaniu LB, kanał n urządzeń PTFT wykazywał stosunkowo wysoką stabilność operacyjną w porównaniu z kanałem p tych samych urządzeń. Przy dużym obciążeniu biasu bramki przez około dwie godziny tranzystory DPPT-TT wykazywały niewielkie przesunięcie napięcia progowego w granicach -2 do -3 V oraz niewielki spadek poziomu prądu włączenia i wyłączenia w kanale n, podczas gdy w kanale p-kanałowym zjawiska te były poważniejsze. Pozostałe dwa dominujące samoistnie p-polimery ambipolarne, 2DPP-TVT i 7DPP-TVT, z drugiej strony, w kanale n-channel, wykazały brak spadku poziomu prądu włączenia i niewielkie przesunięcie napięcia progowego oraz zauważalny spadek poziomu prądu wyłączenia, który jest raczej niewielki dla urządzeń 2DPP-TVT w porównaniu z tranzystorami 7DPP-TVT. Dominujące samoistnie n-kanałowe urządzenia ambipolarne 2DPP-2CNTVT i 7DPP-2CNTVT z przekładką LB nie wykazywały ani spadku poziomu prądu włączenia, ani też zauważalnego przesunięcia napięcia progowego (bardzo nieznaczne napięcie progowe odnotowano dla 2DPP-2CNTVT TFT) przy ciągłym załamaniu bramy przez dwie godziny. W przypadku tych urządzeń widoczny był jedynie niewielki spadek poziomu prądu wyłączenia w wyniku długiego czasu biasu bramki. W związku z tym dodanie warstwy LB poprawiło stabilność pracy n-kanałowej urządzeń, co oznacza, że liczba elektronów wstrzykniętych do warstwy aktywnej była wystarczająca do pasywacji miejsc samoistnego odłowu ładunku wewnątrz struktur polimerowych. Ma to szczególne znaczenie w przypadku zastosowań, w których stabilność operacyjna n-kanałowych układów scalonych jest kluczowa dla niezawodnego działania urządzenia.

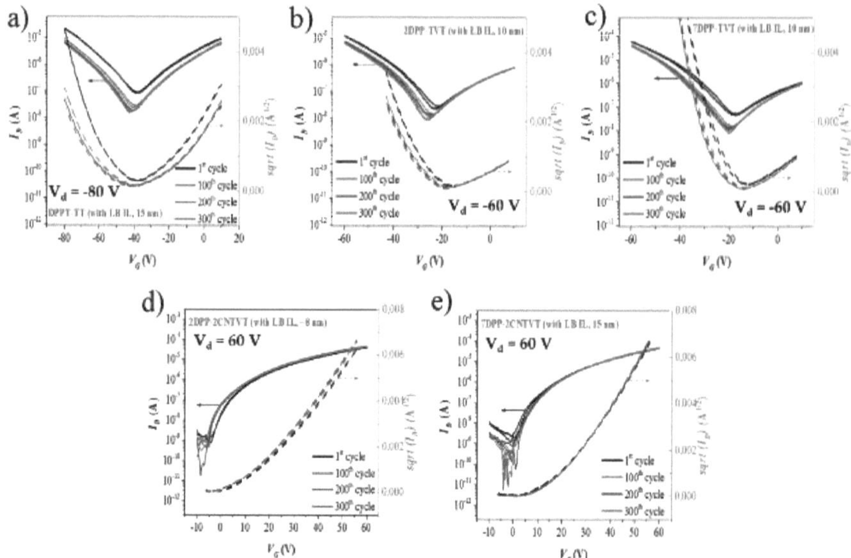

Rysunek 65. Charakterystyka transferu OFET dla LB IL włączona a) DPPT-TT, b) 2DPP-TVT, c) 7DPP-TVT, d) 2DPP-2CNTVT, oraz e) 7DPP-2CNTVT, przy ciągłym naprężeniu udarowym: 300 cykli, w przybliżeniu 2 godziny, c = cykl.

5.2. SEKCJA EKSPERYMENTALNA

Materiały

Komercyjny benzoesan litu (LB) (99%, Sigma-Aldrich) o wzorze chemicznym C7H5LiO2 (MW=128,05 g/mol, ρ=1,19 g/cm3) został użyty w takiej postaci, bez dalszego oczyszczania.

DPPT-TT zakupiono od EM Index, a nowo zsyntetyzowane kopolimery 2DPP-2CNTVT, 7DPP-2CNTVT, 2DPP-TVT i 7DPP-TVT dostarczyły Zakład Chemii i Chemii Instytutu Materiałów Funkcjonalnych Pusan National University. Poli(metakrylan metylu) (PMMA) (Mn = 120 kDa; C = 6,2 nF·cm-2) zakupiono od SIGMA-ALDRICH i zastosowano jako dielektryk bramkowy.

Produkcja urządzeń

Podłoża szklane zostały wstępnie rozpylone za pomocą konwencjonalnej fotolitografii, ze źródłem Ni/Au (3 nm/13 nm) i elektrodami spustowymi, a następnie kolejno oczyszczone w kąpieli ultradźwiękowej za pomocą wody dejonizowanej, acetonu, izopropanolu po 10 minut każdy, a następnie przedmuchane na sucho gazem azotowym i wyżarzane w temperaturze 110°C w celu usunięcia pozostałości rozpuszczalnika. Odstępy pomiędzy stykami OFET (tj. długości kanałów) wynosiły 10, 20, 30 i 50 *μm,* a szerokość kanału wynosiła 1000 μm.

Roztwór DPPT-TT został przygotowany w 1,2-Dichlorobenzenie (dCB) w stężeniu 10 mg/ml. 2DPP-2CNTVT, 7DPP-2CNTVT, 2DPP-TVT i 7DPP-TVT przygotowano w 1,2,4-dichlorobenzenie (dCB) w stężeniu 5 mg/ml. Roztwory polimeru ogrzewano w temperaturze 80°C przez ponad 24 godziny w celu lepszego rozpuszczenia, a następnie filtrowano przed użyciem w celu usunięcia nierozpuszczonych cząstek.

LB osadzał się poprzez termiczne odparowanie próżniowe pod niskim ciśnieniem w komorze około 5,0 x $^{10-6}$ Torr i z prędkością 0.5-1 Å/s tworzące warstwy pośrednie o grubości 2-, 5-, ~8-, 10-, 15- i 20-nm na stykach źródłowych i spustowych, po czym czyste roztwory polimeru były wyoblane na warstwę pośrednią LB z prędkością 2000 rpm/min (DPPT-TT) i 1500 rpm/min (2DPP-2CNTVT), 7DPP-2CNTVT, 2DPP-TVT i 7DPP-TVT) przez 60 s, a następnie wyżarzanie w temperaturze 200°C (DPPT-TT, 2DPP-2CNTVT i 7DPP-TVT) i 250°C (7DPP-2CNTVT i 2DPP-TVT) przez 30 min w celu utworzenia czystej folii polimerowej.

W przypadku tylko urządzeń DPPT-TT, LB był osadzany jako warstwa wtryskowa na styku źródłowym i spustowym z roztworu poprzez wirowanie z prędkością 3500 obr/min przez 60 s i wyżarzanie w 150o C przez 10 min. W tym celu 5 mg LB zostało rozpuszczone w 1 ml etanolu (etOH).

Ponadto, w przypadku urządzeń DPPT-TT, LB był również używany jako n-dopant w systemie jednej mieszanki. Jego 5 mg/ml roztworu etOH zmieszano z 10 mg/ml roztworu dCB DPPT-TT w stosunku 1:10. Roztwór mieszanki był wirowany z prędkością 2000 rpm/min przez 60 s i wyżarzany w temperaturze 200o C przez 30 min. w celu utworzenia domieszkowej warstwy polimeru.

W przypadku dielektryka zasuwowego 80 mg sproszkowanego PMMA zostało rozpuszczone w bezwodnym octanie butylu; w 2000 rpm przez 60 sekund odwirować na warstwach aktywnych, tworząc warstwę dielektryka o długości fali 500 nm; i wyżarzać w 80°C przez ponad godzinę.

We wszystkich tych przypadkach, w celu uzupełnienia urządzeń, na folii dielektrycznej umieszczono aluminiowe elektrody bramki o grubości 50 nm poprzez termiczne odparowanie przez maski cieniowe.

Wszystkie zabiegi wytwórcze z wyjątkiem litografii i LB oraz osadzania elektrod (poprzez odparowanie termiczne), wykonywano w atmosferze azotu.

Charakterystyka urządzenia

Właściwości elektryczne OFET scharakteryzowano za pomocą analizatora parametrów Keithley'a 4200-SCS w wypełnionej azotem skrzynce rękawicowej w temperaturze pokojowej. Mobilność i wartości napięcia progowego ekstrahowano w reżimie nasycenia metodą klasyczną,

$$I_{d,sat} = \frac{W}{2L} C_i \mu (V_g - V_{th})^2,$$

gdzie, *Id jest spływem* do źródła prądu; *L, W* są odpowiednio długością i szerokością kanału; C_i jest pojemnością materiału dielektrycznego bramki na jednostkę powierzchni; µ jest ruchliwością efektu pola w reżimie nasycenia; a *Vg* i *Vth* są odpowiednio bramką do źródła i napięciami progowymi.

Wartości oporności stykowej (Rc) urządzeń wyodrębniono metodą Y-function [17].

Pomiary fotoelektronowej spektroskopii UV (UPS) prowadzono w warunkach otoczenia, przy czym cienkie warstwy do tych pomiarów przygotowano na nieosłoniętych szklanych podłożach Ni/20 nm Au o grubości 3 nm.

5.3. WNIOSKI

Badano wpływ benzoesanu litu na wydajność n-kanałową pięciu różnych polimerów sprzężonych ambipolarnie na bazie DPP, stosowanych w OFET. Benzoesan litu włączano zarówno jako warstwę iniekcyjną na stykach źródłowych i drenarskich, jak i jako domieszkę w układzie roztworu mieszaniny. W obu przypadkach wykazywał on typowe działanie dopingujące typu n i wysoce ulepszoną iniekcję elektronową. Kontakty źródła i drenażu złota pokryte benzoesanem litu wykazywały obniżoną funkcję pracy, co wskazywało na obniżoną barierę wtrysku elektronów dla lepszej wydajności n-kanałowej. W związku z tym, ruchliwość elektronów w OFET-ie oparta na dominującym typie p ambipolarnego DPPT-TT, 2DPP-TVT i 7DPP-TVT, została znacznie zwiększona po wprowadzeniu benzoesanu litu. Ponadto w urządzeniach z wbudowanym benzoesanem litu zauważalnie obniżono oporność stykową OFETów w kanale n-kanałowym. Wszystkie OFETy oparte na tych pięciu polimerach, wykazały znacząco wyższy stosunek prądu włączenia do prądu wyłączenia w n-kanale po dodaniu benzoesanu litu. W rezultacie, dominujące urządzenia ambipolarne 2DPP-2CNTVT i 7DPP-2CNTVT typu n zostały przekształcone w jednobiegunowe OFETy typu n. Biorąc pod uwagę nasze wyniki, benzoesan litu jest proponowany jako obiecujący n-kanałowy środek wzmacniający dla tranzystorów wykorzystujących polimerowe półprzewodniki w ich aktywnym kanale.

REFERENCJE

[1] Kawano Y., Kaneko N., Mukaiyama T., Lewis Base-Catalkylation of Carbonyl Compounds and Imines with (Perfluoroalkyl)trimethylsilane, Bull. Chem. Soc. Jpn. Vol. 79, No. 7, 1133-1145 (2006).

[2] Chimed G.; Masamichi F., A Lithium Carboxylate Ultrathin Film on an Aluminum Cathode for Enhanced Electron Injection in Organic Electroluminescent Devices, Jpn. J. Appl. Phys. Pt. 2 Lett., 38:L1348-L1350 (1999).

[3] Pan Q.; Wang H.; Jiang Y. , Covalent Modification of Natural Graphite with Lithium Benzoate Multilayers via Diazonium Chemistry and Their Application in Lithium Ion Batteries, Electrochemistry Communications 9 (2007) 754-760.

[4] Chen Z.; Lee M. J.; Ashraf R. S.; Gu Y.; Albert-Seifried S.; Nielsen M. M.; Schroeder B.; Anthopoulos T. D.; Heeney M.; McCulloch I.; Sirringhaus H. High-Performance Ambipolar Diketopyrrolopyrrole-Thieno[3,2-b]thiophene Copolymer Field-Effect Transistors with Balanced Hole and Electron Mobility. Adv. Mater. 2012, 24, 647-652.

[5] Kim H. S.; Huseynova G.; Noh Y.-Y.; Hwang D.-H. Modulation of Majority Charge Carrier from Hole to Electron by Incorporation of Cyano Groups in Diketopyrrolopyrrole-Based Polymers [5]Kim H. S.; Huseynova G.; Noh Y.-Y.; Hwang D.-H. Makromolekuły 2017, 50, 7550.

[6] B. Bröker, R.-P. Blum, J. Frisch, A. Vollmer, O. T. Hofmann, R. Rieger, K. Müllen, J. P. Rabe, E. Zojer i N. Koch, Gold Work Function Reduction by 2.2 eV with an Air-Stable Molecular Donor Layer, Appl. Phys. Lett., 2008, 93, 243303.

[7] Liu C., Huseynova G., Xu Y., Long X. D., Park W.-T., Liu X., Minari T., Noh Y.-Y. Universal Diffusion-Limited Injection and the Hook Effect in Organic Thin-Film Transistors, Scientific Reports 6, 29811.

[8] Long D. X.; Choi E.-Y.; Noh Y.-Y. Nanocząsteczka tlenku manganu jako nowy dopant p-Type do wysokosprawnych polimerowych tranzystorów polimerowych. ACS Appl. Mater. Interfejsy 2017, 9(29), 24763-24770.

[9] Luo H.; Yu C.; Liu Z.; Guanxin Z.; Geng H.; Yi Y.; Broch K.; Hu Y.; Sadhanala A.; Jiang L.; Qi P.; Cai Z.; Sirringhaus H.; Zhang D. Remarkable Enhancement of Charge Carrier Mobility of Conjugated Polymer Field-Effect Transistors upon Incorporating an Ionic Additive. Science Advances, 2(5), e1600076.

[10] G. Huseynova, Y. Xu, B. N. Yawson, E.-Y. Shin, M. J. Lee, Y.-Y. Noh, P-Type Doped Ambipolar Polymer Transistors by Direct Charge Transfer from a Cationic Dye Pyronin B Ferric Chloride, Organic Electronics 39 (2016) 229-235.

O 'Neil, M.J. (ed.). The Merck Index - An Encyclopedia of Chemicals, Drugs, and Biologicals. Whitehouse Station, NJ: Merck and Co., Inc., 2006., s. 518.

[12] Dichlorobenzeny, IARCH Monographs, tom 73, s. 224.

[13] O'Neil, M.J. (red.). The Merck Index - An Encyclopedia of Chemicals, Drugs, and Biologicals. Whitehouse Station, NJ: Merck and Co., Inc., 2006., s. 1655.

[14] 1,2,4-Tricholorobenzen, Toxic Air Contaminat Identification List Summaries -ARB/SSD/SES, wrzesień 1997.

[15] M. Weis, J. Lin, T. Manaka, M. Iwamoto, Trapping Centers Engineering by Including of Nanoparticles into Organic Semiconductors, J. Appl. Phys. 104, 114502 (2008).

[16] K. Lee, M. Weis, J. Lin, D. Taguchi, E. Majkova, T. Manaka, M. Iwamoto, Trapping Effect of Metal Nanoparticle Mono- and Multilayer in the Organic Field-Effect Transistor, J. Appl. Phys. 109, 064512 (2011).

17] Xu Y, Minari T, Tsukagoshi K, Chroboczek JA, Ghibaudo G. Direct Evaluation of Low-Field Mobility and Access Resistance in Pentacene Field-Effect Transistors, J. Appl. Phys. 2010;107:114507(1-4).

ROZDZIAŁ 6

PODSUMOWANIE I PROGNOZA

W tej pracy omówiono doping organicznych tranzystorów polimerowych opartych na polimerowych półprzewodnikach. Różne sprzężone polimery były domieszkowane zarówno przez środki dopingujące typu p-, jak i n poprzez przeniesienie ładunku z cząsteczek domieszkujących do gospodarza. Polimery z domieszką koniugatów nanoszono na OFET i odpowiednio scharakteryzowano elektrycznie. Do domieszkowania typu p stosowano kationowy barwnik ksantenowy pyroninę B, a do domieszkowania typu n - benzylo-wiologen w postaci obojętnej, który redukowaliśmy z prekursora dichlorku benzylo-wiologenu. Głównym celem naszej pracy dopingowej było zwiększenie wydajności elektrycznej, a mianowicie mobilności i stosunku prądu włączenia / wyłączenia OFET przy użyciu domieszkowanych polimerów w ich aktywnym kanale. Zarówno pironina B, jak i wiologen benzylowy są związkami organicznymi o sprzężonej strukturze molekularnej. Nasze wyniki są wyraźnym dowodem na to, że molekuły organiczne mogą być stosowane jako skuteczne środki dopingujące w organicznych urządzeniach elektronicznych, takich jak OFET. W obu przypadkach znacznie poprawiono wartości współczynnika ruchomości i stosunku prądu włączenia/wyłączenia. Napięcie progowe przesunęło się również w kierunku pożądanych wartości, co świadczy o tym, że domieszki są również dobre do kontroli napięcia włączania i ogólnie, nawet nad wartościami prędkości włączania urządzeń.

Nasze domieszki, oprócz tego, że są związkami organicznymi, są również materiałami dostępnymi w roztworach. Zgodnie z naszą najlepszą wiedzą, po raz pierwszy w naszych badaniach zastosowano zarówno pironinę B, jak i benzylową wiolonczelę jako rozpuszczalnikowe domieszki do organicznych półprzewodników. Pironina B została użyta jako domieszka tylko dla silnych receptorów elektronów i transportu elektronów w małych cząsteczkach półprzewodników organicznych takich jak C60 i TCNQ i tylko poprzez fotoindukowane lub aktywowane termicznie domieszki z procesem termicznego odparowania półprzewodników. Związki wirusologiczne, w tym benzylowe, były powszechnie osadzane poprzez odparowanie termiczne jako powierzchniowe domieszki typu n dla nanorurek węglowych, płatków MoS2, błon kwantowych w kropkach PbS, grafenu, a także w postaci przekładek na elektrodach metalowych w celu zmniejszenia barier wtrysku elektronów pomiędzy elektrodami a organicznymi materiałami transportującymi elektrony.

W naszych badaniach dopingowych z pironiną B i wirusologiem benzylowym zastosowaliśmy wyłącznie etapy przetwarzania roztworu dla warstwy dopingującej i aktywnej oraz osadzania warstwy dielektrycznej w bramce. Metoda ta, oprócz tego, że jest łatwa, ilościowo i jakościowo zmniejsza czas i koszty produkcji, jest również bardzo kompatybilna z elastycznymi, nadającymi się do zadrukowania i wielkopowierzchniowymi urządzeniami elektronicznymi.

Zbadano również wpływ benzoesanu litu na wydajność n-kanałową pięciu różnych polimerów ambipolarnych sprzężonych z DPP typu donor-acceptor stosowanych w OFET. Benzoesan litu włączano zarówno jako warstwę iniekcyjną na stykach źródłowych i drenarskich, jak i jako domieszkę w układzie roztworu mieszaniny. Tutaj, w przeciwieństwie do poprzednich badań z pironiną B i wirusem benzylu, benzoesan litu w przypadku warstwy iniekcyjnej był głównie odparowywany termicznie. Niezależnie od metody przetwarzania, wykazywał on typowe efekty domieszkowe typu n i wysoce ulepszone wtryskiwanie elektronów. Źródło złota i styki spustowe pokryte benzoesanem litu wykazywały obniżoną funkcję pracy, wskazując na obniżoną barierę wtrysku elektronów dla poprawy wydajności n-kanałowej. Zgodnie z naszymi wynikami, benzoesan litu jest dobrym wzmacniaczem n-kanałowym dla tranzystorów wykorzystujących polimerowe półprzewodniki w ich aktywnym kanale.

LISTA PUBLIKACJI do sierpnia 2018 r.

1. C. Liu, **G. Huseynova**, Y. Xu, D. X. Long, W.-T. Park, X. Liu, T. Minari, Y.-Y. Noh, Universal Diffusion-Limited Injection and the Hook Effect in Organic Thin-Film Transistors, Scientific Reports 6, 29811 (2016).
2. **G. Huseynova**, Y. Xu, B. N. Yawson, E.-Y. Shin, M.J. Lee, Y.-Y. Noh, P-Type Doped Ambipolar Polymer Transistors by Direct Charge Transfer from a Cationic Dye Pyronin B Ferric Chloride, Organic Electronics 39 (2016) 229-235. Uhonorowany ***nagrodą Outstanding Poster Award*** na Międzynarodowej Konferencji Kobiet Naukowców i Inżynierów (**BIEN 2017**), która odbyła się w Seulu w Korei w dniach 31 sierpnia - 2 września 2017 roku.
3. H. S. Kim†, **G. Huseynova†**, H. Kong, J. M. Park, Y.-Y. Noh, D.-H. Hwang, Synthesis and Characterization of Pyrrolo[3,4-d]Pyridazine-5,7-Dione-Based Conjugated Polymers for Organic Thin-Film Transistors, J. Nanosci. Nanotechnol. 2017, Vol. 17, No. 10, 7194-7199(6). ***(† - ci autorzy wnieśli równy wkład w tę pracę).***
4. H. S. Kim†, **G. Huseynova†**, Y.-Y. Noh, D.-H. Hwang, Modulation of Majority Charge Carrier from Hole to Electron by Incorporation of Cyano Groups in Diketopyrrolopyrrole-Based Polymers, Macromolecules, 2017, 50 (19), 7550-7558. ***(† - autorzy wnieśli równy wkład do tej pracy).***
5. **G. Huseynova**, N. K. Shrestha, Y. Xu, E.-Y. Shin, W.-T. Park, D. Ji, Y.-Y. Noh, Benzyl Viologen jako N-Type Dopant dla Organic Semiconductors, *zgłoszony do* Organic Electronics.
6. **G. Huseynova**, Y. Xu, E.-Y. Shin, W.-T. Park, Y.-Y. Noh, Contact and Film Doping of Polymer Thin-Film Transistors with Lithium Benzoate, *being prepared to be submitted to.*

PODZIĘKOWANIA

Przede wszystkim jestem najbardziej wdzięczny członkom mojej rodziny, zwłaszcza ojcu **Akperowi Huseynovowi** i mojej matce **Tamelli Huseynovej**, za ich nieustanne wsparcie, zachętę i miłość, którą otrzymywałem przez całe życie. Nie dałbym rady bez nich.

Następnie moja wdzięczność idzie do naszej Administracji Uniwersyteckiej, ponieważ zawsze będę czuł się zaszczycony i wdzięczny **Uniwersytetowi Dongguk** za przyznanie mi stypendium SRD i umożliwienie kontynuowania edukacji.

I jestem bardzo wdzięczny mojemu przełożonemu, profesorowi **Yong-Young Noh**, za to, że dał mi szansę bycia częścią jego grupy badawczej i za jego wskazówki dla pacjentów, stałe wsparcie i praktyczną krytykę, której udzielił podczas studiów. Jest on profesorem, który zapewnia środowisko edukacyjne, w którym jego uczniowie czują się bezpiecznie i są wezwani do rozwoju. Dał mi całą swobodę w prowadzeniu badań, a okres mojego życia, który spędziłem jako jego student, był dla mnie bardzo pomocny w rozwoju zarówno akademickim, jak i osobistym.

Jestem również bardzo wdzięczny **doktorowi Yong Xu**, naszemu profesorowi badań, za jego nieocenioną pomoc naukową przez cały czas trwania moich badań. Zawsze będę miał szczęście, że miałem okazję dzielić się tą samą grupą badawczą z takim naukowcem jak on.

Tymczasem chciałbym wyrazić moją najgłębszą wdzięczność i uznanie dla **Dr. Chuan Liu**, naszego byłego profesora badań, za jego znaczące wskazówki podczas mojego pierwszego roku badań. Nigdy tego nie zapomnę.

Chciałbym również podziękować mojemu drogiemu przyjacielowi **Amegadze Paulowi Seyramowi Kwabenah**, naszemu wychowankowi, za wszystkie jego wskazówki i bezwarunkową przyjaźń, którą dał mi podczas moich pierwszych dwóch lat na Uniwersytecie w Dongguk.

Szczególne podziękowania kieruję do **Dr. Vladislava Kostianovskiego**, naszego podoktorskiego wychowanka, za jego cenne sugestie dotyczące mojego postępu naukowego.

Jestem również bardzo wdzięczna wszystkim moim przyjaciołom, w tym **Sushma Chauhan**, **Anwesha Purkayastha** i **Narinder Kaur**, za to, że byli tam dla mnie.

Na koniec, zawsze będę wdzięczny i będę pamiętał o moich kolegach z laboratorium i wszystkich ludziach, którzy udzielili mi jakiegokolwiek wsparcia i pomocy w czasie mojego pobytu na Uniwersytecie Dongguk. **Bernardi Sanyoto**, nasz wychowanek, również jest wśród tych wspaniałych ludzi.

Printed by Books on Demand GmbH, Norderstedt / Germany